地铁运营安全工程

DITIE YUNYING ANQUAN GONGCHENG

丁辉 汪彤 代宝乾 宋冰雪 等 编著

人民交通出版社股份有限公司
China Communications Press Co.,Ltd.

内 容 提 要

本书以城市轨道交通为研究对象，全书共8章。主要介绍了地铁典型事故案例分析、乘客疏散行为调查分析、地铁火灾模拟、人员应急疏散模拟、城市轨道交通防灾减灾分析、事故预测预警与安全管理信息系统等内容。

本书可供交通运输、安全工程等相关学科、专业的学生作为教材或参考书，同时也可供科研人员参考和感兴趣者自学使用。

图书在版编目(CIP)数据

地铁运营安全工程 / 丁辉等编著. —北京：人民交通出版社股份有限公司，2015.10

ISBN 978-7-114-12260-6

Ⅰ.①地… Ⅱ.①丁… Ⅲ.①城市铁路—交通运输安全—研究 Ⅳ.①U239.5

中国版本图书馆 CIP 数据核字(2015)第128850号

书　　名： 地铁运营安全工程
著 作 者： 丁　辉　汪　彤　代宝乾　宋冰雪　等
责任编辑： 刘　君　刘顺华
出版发行： 人民交通出版社股份有限公司
地　　址： (100011)北京市朝阳区安定门外外馆斜街3号
网　　址： http://www.ccpress.com.cn
销售电话： (010)59757973
总 经 销： 人民交通出版社股份有限公司发行部
经　　销： 各地新华书店
印　　刷： 中国电影出版社印刷厂
开　　本： 720×960　1/16
印　　张： 10.25
字　　数： 189千
版　　次： 2015年10月　第1版
印　　次： 2015年10月　第1次印刷
书　　号： ISBN 978-7-114-12260-6
定　　价： 30.00元

《地铁运营安全工程》

编　委　会

P 前言
REFACE

由于城市规模不断扩大，人口急剧膨胀，城市交通需求与供给日益突出的矛盾所导致的交通拥堵及其伴随产生的安全、环境污染等问题已成为一些大城市共同面临的社会问题。在此背景下，优先发展公共交通成为有效缓解城市交通问题的首选。城市轨道交通以其高运能、高效率、低能耗、低污染、安全快捷、准时可靠等突出优点成为大城市公共交通体系的重要组成部分。自20世纪60年代建成第一条地铁线路以来，经过50多年的发展，我国已进入了城市轨道交通的快速发展期。

地铁是城市快速轨道交通的一部分，具有运量大、快速、正点、低能耗、少污染、乘坐舒适方便的优点，常被称为“绿色交通”。因地铁建设于地下，又具有封闭性强、运行速度高、起停频繁、客流量大且来源复杂、乘客自助乘车、应急疏散难度大、易于受到外界因素干扰等固有特点，因此地铁作为一类特殊的人员密集公共场所，对安全可靠性的要求更高。

本书以地铁为研究对象，介绍了地铁典型事故案例分析、乘客疏散行为调查分析、地铁火灾模拟、人员应急疏散模拟、城市轨道交通防灾减灾分析、事故预测预警与安全管理信息系统等内容。

本书受到北京市交通委员会科技计划项目《城市轨道交通大客流车站预测预警及应对策略研究》以及北京市优秀人才培养青年拔尖个人项目（项目编号:2014000021223ZK44）资助，在此一并表示感谢。

由于水平所限，书中难免有不妥之处，衷心希望读者突出宝贵意见，以便进一步修改完善。

编　者

2015年9月

目录

CONTENTS

第1章 概　述

随着城市经济和城市建设的高速发展，城市各种设施和各种场所的事故隐患及其产生的重大灾害事故和环境风险事件急剧增加，所产生的政治影响及对经济建设和社会发展所造成的损失十分惊人。据有关专家估计，世界各国由各类事故所产生的直接损失和间接损失达到国民总收入的3%~6%。近两年，我国伤亡事故和职业危害造成的经济损失约为1600亿元。城市事故隐患、环境风险所在位置往往具有人口密度大、资产集中、环境特殊等特点，它的预防和控制已引起世界各国政府高度重视。截至2014年年底，全国已有22个城市建成地铁95条，运营里程达到2900km，由于其高效、清洁的特点，地铁建设还在不断发展，如北京、上海、广州、深圳等城市正在大规模地建设地铁。

城市地铁系统是城市公共交通的一个重要环节。事实上，在地铁出现以来的百余年中，发生过多起因各种原因造成的人员伤亡事故，其中比较典型的如1987年英国伦敦地铁火灾事故（死亡32人，受伤100余人），1995年东京地铁沙林毒气事故（死亡12人，受伤5000多人），1995年大邱地铁爆炸事故（死亡101人，受伤143人），1995年阿塞拜疆巴库地铁火灾事故（死亡558人，受伤269人），2003年韩国大邱地铁火灾事故（死亡135人，受伤137人，失踪318人）。分析所有这些造成重大人员伤亡的事故原因，大多是因为火灾、毒气泄漏或爆炸造成的。因为火势和有毒烟气的迅速蔓延，可供人员安全疏散的时间有限，而因种种条件的限制，人们未能及时正确充分地使用各种地铁疏散通道以及各种可以延长人员安全疏散时间的措施（如灭火和控烟），最终导致了重大人员伤亡事故的发生。

自大邱地铁火灾发生以来，我国有关方面采取了积极的预防应对措施，主要包括对硬件设备性能的检查以及灭火和人员疏散演习，所有这些都很重要，是地铁运营和管理部门应当做的，但又都具有一定局限性。众所周知，地铁事故造成的后果，受地下空间环境、硬件装备、人员反应能力以及应急组织指挥等多个方面的影响。因此，当前如何将各种影响因素有机结合起来，全面评价现有地铁安全系统的总体安全状况，对提高地铁的总体安全水平具有十分重要的意义。

1.1 城市轨道交通发展概述

城市轨道交通的诞生和发展已有100多年历史，二次世界大战结束以后世界各国都开始重视并大规模修建城市轨道交通系统。自20世纪50年代，伴随着世界范围内城市化进程的发展，世界各国的城市区域逐渐扩大，经济日益发展，城市人口也逐渐上升。由于流动人口以及道路车辆的增加，城市交通量呈急骤增长的态势，城市道路的相对有限性带来了交通阻塞、车速下降、事故频繁等一系列问题。行车难、乘车难，不仅成为市民工作和生活的一个突出问题，而且制约着城市经济的发展。此外，道路上汽车排放废气、噪声等环境污染问题也愈来愈引起人们的重视。正是在这样的背景下，世界各国纷纷开始采用立体化的快速轨道交通来解决日益恶化的城市交通问题。目前，大城市逐步形成了以地下铁道为主体，多种轨道交通类型并存的现代城市轨道交通新格局。20世纪末，国外轨道交通运营线路超过100km的城市如表1-1所示。

运营线路超过100km的城市轨道交通概况 表1-1

序号	城市	城市人口（万人）	区域人口（万人）	线路（km）	地下线路（km）	高架线路（km）	地面线路（km）	车站（个）	供电（伏）	受流方式
1	纽约	730	1330	436	253	129	75	501	DC625	三轨
2	伦敦	670		398	163		235	275	DC600	三轨
3	芝加哥	300	700	163	18	85	60	143	DC600	三轨/架空线
4	东京	840	1190	218	174	24	20	206	DC1500	三轨
5	汉城	1020	1350	116	116			102	DC1500	三轨
6	莫斯科	880		220	184	36		143	DC825	三轨
7	马德里	320	400	113	105	3	5	137	DC600	架空线
8	巴黎	210	1020	192	177	13.7	1.3	429	DC750	三轨
9	墨西哥	2000		141	103	10	28	125	DC750	三轨/架空线
10	华盛顿	60	300	112	62	10	40	64	DC750	三轨
11	柏林	260	438	191	114	3	74	180	DC780/600	三轨
12	大阪	260		104	93	11		98	DC750	三轨/架空线
13	斯德哥尔摩	66	160	105	62			99	DC650/750	三轨

世界上第一条地下铁道于 1863 年 1 月 10 日首先在伦敦建成，开始是采用蒸汽机车牵引，27 年后即到 1890 年改为电力机车牵引。据有关资料统计，从 1863 年到 1899 年有 7 个城市修建了地下铁道，从 1900 年到 1949 年，世界上又有 13 个城市修建了地下铁道。二次世界大战后，伴随着各国城市的快速发展，地下铁道发展极为迅速。据日本地下铁道协会统计，到 1999 年全世界已有 115 个城市建成了地下铁道，线路总长度超过了 7000km，其中英、美、法、德、日、西班牙以及俄罗斯等发达国家所属 20 个城市在二次大战前开始了地铁建设，到 1999 年末，总里程达 2840km 左右，其中一半以上为战后建设的。全世界其余 95 个城市的地铁均为战后所建，总里程约为 4300km，即全世界近 7000km 地下铁道约有 5600km 是战后建成的，占 80%。

从图 1-1 中可以看出，二次世界大战后经过短暂的经济恢复，地下铁道建设随着全世界经济起飞而启动、加快。20 世纪 70～80 年代是各国地下铁道建设的高峰。发达国家的主要大城市如纽约、华盛顿、芝加哥、伦敦、巴黎、柏林、东京、莫斯科等已基本完成了地铁网络的建设，但后起的中等发达国家和地区，特别是发展中国家地铁建设却方兴未艾。到 20 世纪末亚洲共有 25 个城市有地下铁道，除了东京与大阪在二次世界大战前就建有地下铁道外，其余 24 个城市均是在二次世界大战后建成的（见表 1-2），如图 1-2 所示。

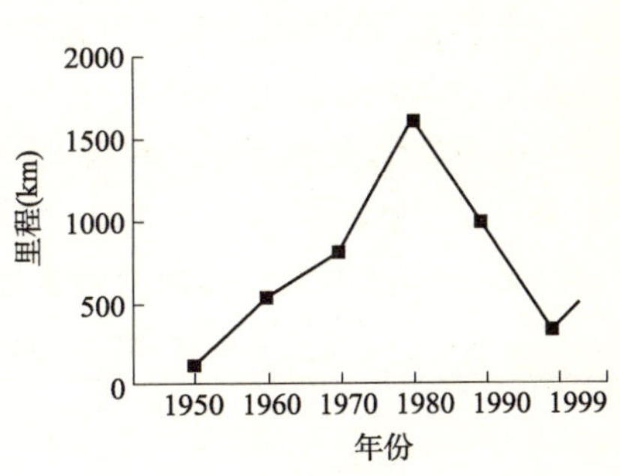

图 1-1　世界地下铁道的建设情况

二次世界大战后亚洲地下铁道建设进程表　　表 1-2

年　　份	城市数目（个）	建成里程（km）
1950～1960	2	78.25
1961～1970	1	54.0
1971～1980	7	352.2
1981～1990	7	231.2
1991～1999	8	284.2

事实上东京和大阪的大部分地下铁道也是在 20 世纪 60 年代以后建成的（东京二次世界大战前建成 16.5km，战后建成 213.8km；大阪在二次世界大战前仅建成 8.8km，战后建成 84.2km）。亚洲的地下铁道兴建高潮大体比欧美发达国家兴建高潮晚 10 年，香港也是如此，而我国其余大城市晚 20～30 年。

21 世纪是发展中国家修建地下铁道的高潮。

1908 年，我国第一条有轨电车在上海建成通车，揭开了中国城市轨道交通建

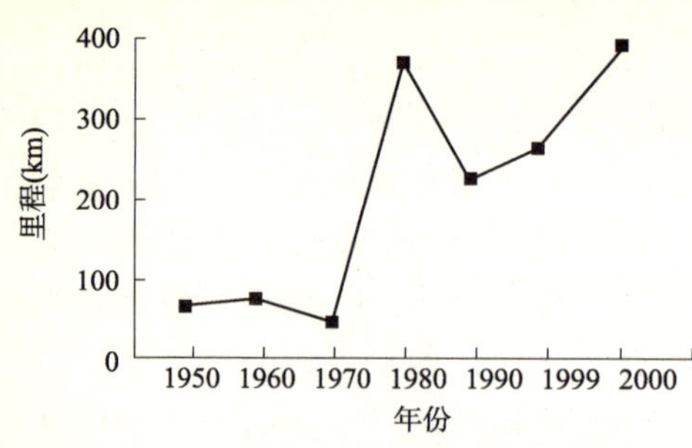

图 1-2 亚洲地下铁道建设发展趋势

设的序幕。1995～2014 年 20 年间，我国建有轨道交通的城市，从 2 个增加到 22 个，运营里程达到 3155km。在 3155km 运营线路长度中，地铁 2438km，占线路总长的 77.3%；轻轨 239km，占线路总长的 7.6%；单轨 87km，占线路总长的 2.8%；现代有轨电车 134km，占线路总长的 4.2%；磁浮交通 30km，占线路总长的 1%；市域快轨 227km，占线路总长的 7.2%。

回顾 20 世纪城市交通的发展历程，有轨电车从大发展到大拆除；然后汽车登上历史舞台，逐渐成了城市交通的主角；到 20 世纪末，以地铁和轻轨为代表的城市轨道交通又恢复了它的主导地位，这是个螺旋式的上升过程。

城市轨道交通经过 100 多年的发展，已成为一个庞大系统，它由市郊铁路、地下铁道、轻轨交通、单轨（独轨）运输、新交通系统、线性电机牵引运输系统、有轨电车等子系统组成。城市轨道交通系统主要技术参数见表 1-3。

城市轨道交通系统主要技术参数（参考数据） 表 1-3

类　型	运营速度（km/h）	最小行车间隔（min）	编组（辆）	线　路	平均站距（m）	运输能力（万人次/h）
市郊铁路	35～40	2	4～10	全封闭	1000～3000	5～8
地下铁道	25～40	1.5	4～10	全封闭	800～1000	4～6
轻轨	25～35	2	2～3	专用道	500～800	1～4
单转	25～30	1	4～6	高架	500～1000	1～1.5
新交通	20～30	2	4～6	高架	500～1000	0.8～1.5
线性电机牵引系统	25～35	1.5	4～6	全封闭	800～1000	1～3
有轨电车	15～20	1	1～2	混合交通	400～800	0.3～1

在城市轨道交通方式选择上，国外大多是以高峰小时客流量的需求，并根据各种轨道交通工具的适用范围来确定。由于高峰小时客流量的大小与城市人口规模有直接关系，因此，有些国家是按城市人口规模直接选用城市轨道交通方式，如人口超过 100 万，单向高峰流量 2 万人/h 以上，就可以建设地下铁道。大多数国家采用了根据客运需求对各种轨道交通类型性能指标优缺点进行对比，选择适合本城市需要的类型。欧洲大多数发达国家的城市轻轨运输系统，并不是因为道路交通拥堵而建，更侧重于环境保护的需要，鼓励市民少用私家车，多乘公共交通。还有一些是为了观光游览和特种目的需要，建设一些颇具特点的新型城市轨道系统。城市轨道交通技术等级见表 1-4。

城市轨道交通技术等级表 表 1-4

项目		Ⅰ级	Ⅱ级	Ⅲ级	Ⅳ级	Ⅴ级
系统类型		高运量地铁	大运量地铁	中运量轻轨	次中运量轻轨	低运量轻轨
适用车辆类型		A 型车	B 型车	C-Ⅰ、Ⅲ型车	C-Ⅱ型车	现代有轨电车
最大客运量(单向人次/h)		4.5~7.5 万	3.0~5.5 万	1.0~3.0 万	0.8~2.5 万	0.6~1.0 万
线路	线路形态	隧道为主	隧道为主	地面或高架	地面为主	地面
	路用情况	专用	专用	专用	隔离或少量混用	混用为主
车站	长度(m)	800~1500	800~1200	600~1000	600~1000	600~800
	站台长度(m)	200	200	120	<100	<60
	站台高低	高	高	高	低(高)	低
车辆	车辆宽度(m)	3.0	2.8	2.6	2.6	2.6
	车辆定员(站 6 人/m^2)	310	240	320	220	104~202
	最大轴重(t)	16	14	11	10	9
	最大时速(km/h)	80~100	80	80	70	45~60
	平均运行速度(km/h)	34~40	32~40	30~40	25~35	15~25
	轨距(mm)	1435	1435	1435	1435	1435
供电	额定电压(V)	DC 1500	DC 750	DC 750	DC 750(600)	DC 750(600)
	受电方式	架空线	第三轨	架空线/第三轨	架空线	架空线
信号	列车自动保护	有	有	有	有/无	无
	列车运行方式	ATO/司机驾驶	ATO/司机驾驶	ATO/司机驾驶	司机驾驶	司机驾驶
	行车控制技术	ATC	ATC	ATP/ATS	ATP/ATS	ATS/CTC
运营	列车最多车辆编组	6~8	6~8	4~6	2~4	2
	列车最小行车间隔(s)	120	120	120	150	300

1.2 地铁运营的特点

地铁是城市快速交通的一部分,具有运量大、快速、正点、低能耗、少污染、乘坐舒适方便的优点,常被称为"绿色交通"。世界范围内人口向城市集中,城市化步伐加快,大中型城市普遍出现人口密集、交通堵塞、环境污染严重以及能源匮乏等问题。发达国家的经验表明,地铁、轻轨是解决大中型城市公共交通运输的根本途径,对城市实现可持续发展有非常重要的意义。地铁经过 150 年的发展,在机车车辆、自动控制、通信信号等技术方面有了很大的进步。与此同时，因其建设于地下，又具有封闭性强、运行速度高、起停频繁、客流量大且来源复杂、乘客自助乘车、应急疏散难度大、易于受到外界因素干扰等特点，因此地铁作为一种特殊的人员密集公共场所，对安全可靠性的要求更高。

地铁运输是以实现乘客安全快速的位移为目的的。要顺利完成这一过程，乘客、运载工具——列车，和与运输相关的各种设备设施的相互配合及其之间的协调管理就显得尤为重要。为了实现这一目标，地铁沿线设有大量的设备系统，主要包括客运服务系统、车辆系统、供电系统、线路系统、通信信号系统、通风/排烟等机电系统以及其他辅助设备系统。整个地铁运营系统就像一台高速运转的大联动机，任何一台设备出现故障或受到外界因素影响，都可能导致运营中断或事故发生。这个运营系统具有动态性、事故后果严重性、反复性、运营安全对管理的依赖性以及受环境影响的特殊性等特点。

地铁列车是高速运动的载客工具，一旦发生瞬间的设备异常或人员违章操作，都可能造成列车事故。地铁运输功能的实现，需要各种复杂的技术设备系统，为提高系统的可靠性，设备系统设置多层冗余，发生事故概率较低，但故障率较高。乘客作为地铁运输的服务对象，数量庞大、来源复杂、年龄结构不一、身体状况参差不齐、安全意识与认知千差万别，不可控因素较多。作为控制、协调手段的管理，既要肩负地铁系统内部人员和设备的管理，又要具备应对系统外部自然灾害、突发事件的防灾和减灾能力。

一般而言，地铁运营系统存在三种运营模式：正常运营状态、非正常运营状态和紧急运营状态，如图 1-3 所示。

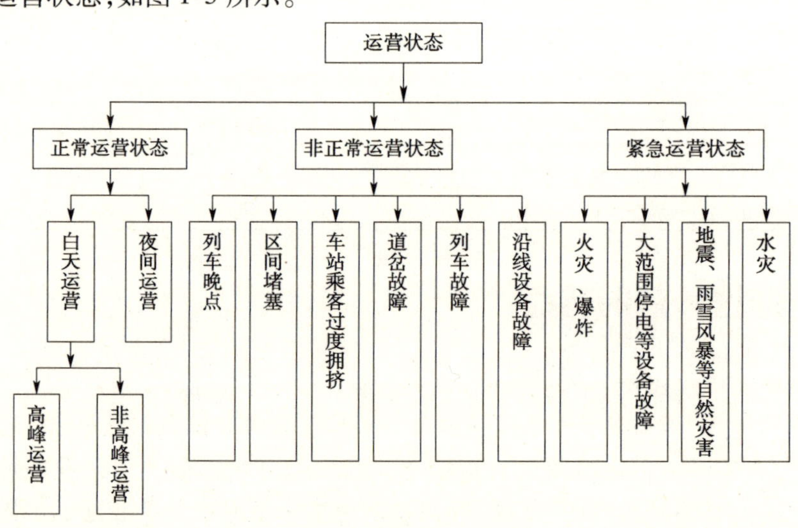

图 1-3　地铁运营模式图

(1)正常运营状态指列车白天和夜间的运营状态与计划运行图基本相符的状态。正常运营状态分为高峰时段和非高峰时段。针对这两种运营时段,地铁又采取了不同的客运组织方案和运行管理模式。

(2)非正常运营状态指因各种原因造成了列车晚点、区间堵塞、车站乘客过度拥挤、道岔故障、列车故障、沿线设备故障等影响到了正常的运营秩序的情况。经行车指挥系统按照应对方案及时进行调整,可在较短时间内使运营恢复正常,未对乘客的人身安全造成影响。

(3)紧急运营状态指发生火灾爆炸、地震以及雨雪风暴等自然灾害、设备故障导致大范围停运时,部分区间或全线无法运营的情况。在这种状态下,有可能出现人员伤亡的严重后果,必须采取紧急事故抢险措施自救、减灾和抢险。

第2章 地铁典型事故案例分析与危险有害因素辨识分析

地铁作为现代化的城市轨道交通工具,承担着越来越大的客流运输任务。地铁运营行车的安全水平直接关系到它与其他运输方式的竞争能力以及地铁的声誉和经济效益。确保地铁行车安全是地铁安全工作永恒的主题。地铁车站及地铁列车成为人流密集的公众聚集场所,一旦发生突发事件,其社会影响力十分巨大,因此必须提高地铁的安全程度,确保安全运营。在此首先进行危险、有害因素辨识分析,为提出针对性的安全对策措施,提高地铁的本质安全程度和安全管理水平提供依据。

2.1 国内外地铁典型事故案例分析

世界地铁发展已有百余年的历史,我国的地铁发展只有近五十年,因此,通过国内外地铁典型事故案例的分析,可以归纳出地铁的主要事故类型及其致因。

2.1.1 地铁火灾事故案例

(1)韩国大邱地铁火灾事故。2003 年 2 月 18 日上午 9 时 50 分,在韩国大邱市的地铁 1 号线上,1079 号列车正朝着市中心的中央路站飞驰,当地铁列车徐徐开进中央路站的时候,2 号车厢里有位身穿深蓝色运动装的中年男子突然从自己的背包里拿出一个像是牛奶罐的东西,可是,他不是在喝奶而是拿打火机在罐口上点火。坐在身边的乘客以为他在玩打火机,于是劝他不要在车厢内玩火。可是,“咔嚓”“咔嚓”,这位中年男子的动作还在继续。这些乘客觉得这个人有点儿不对头,赶紧冲上去和他展开搏斗。在搏斗过程中,满罐的汽油洒在了这位中年男子身上和车厢座位上,打火机点燃了汽油,瞬间车厢变成了火海。事故共造成 135 人死亡,137 人受伤,318 人失踪。韩国大邱地铁纵火事件线分析如图 2-1 所示。

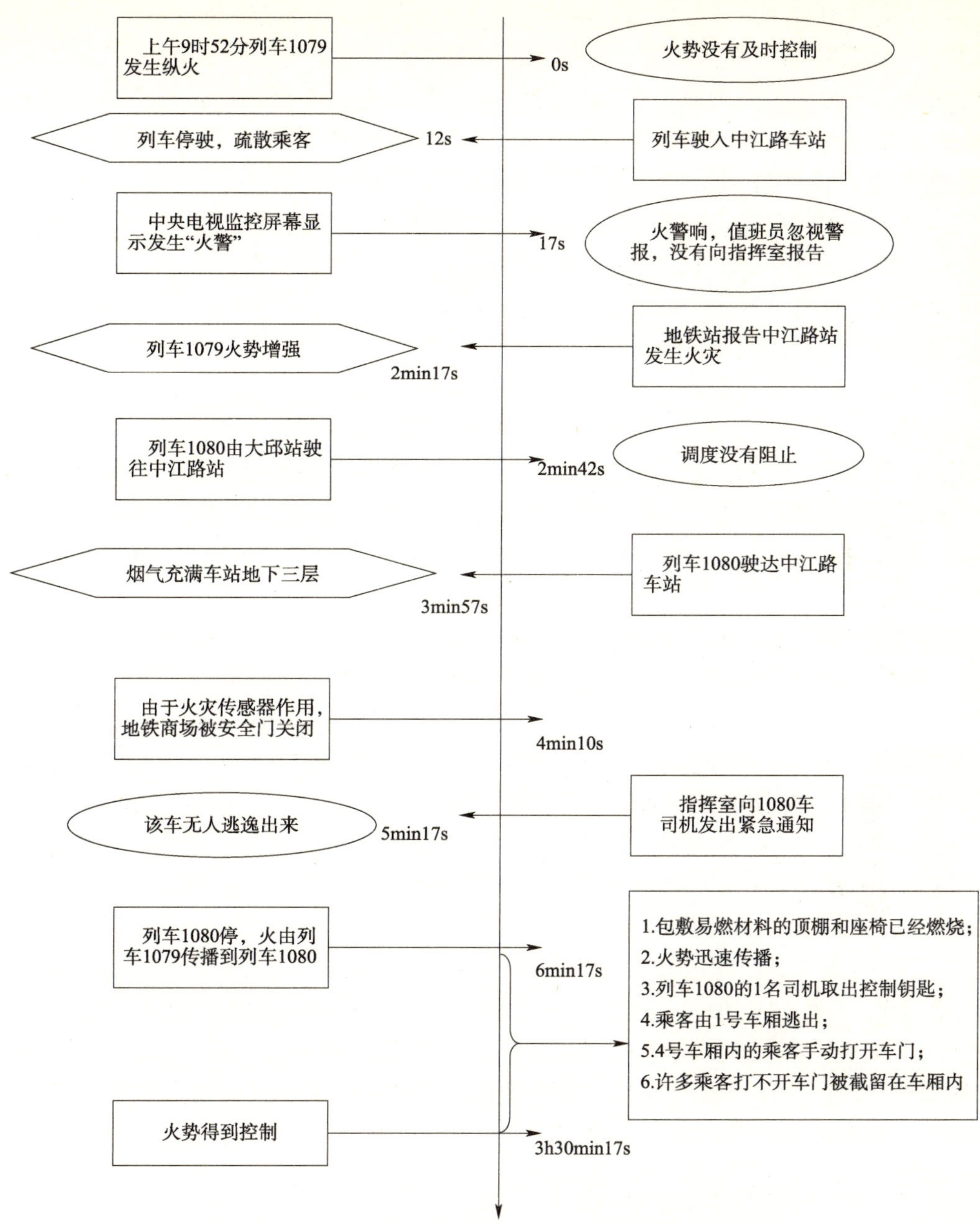

图2-1　2003年2月18日韩国大邱地铁纵火事件线分析图

大邱市地铁的火灾虽然是有人故意纵火而造成的，但是出现如此大的伤亡却是人们所没有预料到的。从事故现场站台到地铁地面出口步行只需2min，之所以出现如此大的伤亡，分析有以下主要原因：

①大邱地铁的车站内虽然安装了火灾自动报警装置,自动淋水灭火装置,除烟设备和紧急照明灯,但是这些安全装置在应对严重火灾时仍明显不足,尤其是自动淋水灭火装置。由于车厢上方是高压线,为了防止触电,车厢内均没有安装自动淋水灭火装置,因此,大邱市地铁发生大火时,不可能尽早扑救,车站断电后,车站一片漆黑,紧急照明灯和出口引导灯均没有闪亮。

②车厢内的座椅、地板和墙壁虽然都是阻燃材料,但经受不住过于猛烈的火焰,玻璃纤维和硬化塑料在遇到火焰和高温后起褶,而这些材料一旦燃烧起来,大多会释放出有毒烟雾,这些烟雾在火灾发生后几分钟内,导致现场人员窒息,救援人员难以迅速接近现场。

③加重此次火灾伤亡的另一个因素是:地下设施根本没有发生火灾时强行抽出烟尘的空调设施,以致事故发生三四个小时后,救援人员还束手无策。由于地铁没有排烟设备,现场弥漫着大量烟雾和有毒气体,致使最初的救援行动严重受阻。

④在此次火灾事故中,由于地铁公司消极应对,在不知火灾事实的情况下,车站的中央控制室没有及时阻止另一辆列车进入车站,造成无辜的连累,导致伤亡人数增加。

(2)奥地利高山地铁隧道火灾。2000 年 11 月 11 日,奥地利萨尔茨堡州基茨施坦霍恩山,一列满载旅客的高山地铁列车在隧道运行中发生火灾,正当这列上行线列车在隧道内燃烧时,由于通信指挥信号失控,一列下行线列车迎面驶来,在此相撞造成车毁人亡,致使 155 人死亡,18 人受伤。事后调查认定火灾是由于列车上的电暖空调过热,使保护装置失灵引起的。此处高山地铁运营长度为 3800m,海拔 3029m,沿着一个 45°角的铁轨上行或下行,是世界上有名的高山地铁。该地铁内安全标准过低,没有火灾自动报警系统,没有安全疏散指示标志和避难间,这也是造成众多人员伤亡的重要因素之一。

(3)阿塞拜疆巴库地铁火灾。1995 年 10 月 28 日,阿塞拜疆巴库地铁因机车电路故障,诱发火灾,殃及列车第三、四节车厢着火。由于司机缺乏经验,采取紧急制动措施将列车停在了隧道里,给乘客逃生和救援工作带来不便。加之,20 世纪 60 年代生产的车辆使用的大部分材料都不是阻燃材料,燃烧时产生大量烟雾和有毒气体,这场火灾造成 558 人死亡,269 人受伤。

2.1.2 地铁恐怖袭击事故案例

2005 年 7 月 7 日早上高峰时段,英国伦敦利物浦街和阿尔盖特站之间传出了一声巨响,拉开了伦敦地铁连环爆炸案的序幕,随后,又有两个地铁站相继发生大爆炸,伦敦地铁宣布停运。该爆炸为自杀式爆炸,警方已确认死亡人数为 56 名,已有 3 个恐怖组织宣称对爆炸负责。

2.1.3 地铁脱轨事故案例

(1)2003 年 8 月 30 日下午 1 时 20 分,法国巴黎地铁从圣乔治车站开出,大约 2min 后这列地铁将驶进洛莱特圣母院站,在这里稍作停留后开往下一站伊西(Issy)。就在这列地铁开始拐入进站前的最后一个弯道时,第一节车厢脱离了后面的 4 节车厢,向左冲进了逆向的轨道,脱轨的车厢随即侧翻,并在一阵刺耳的噪声中带着一串火花滑行了将近 100m 的距离,最后轰然停在逆向铁轨上。据专家分析,造成这次事故的原因为列车故障。

(2)2003 年 10 月 19 日,英国伦敦地铁发生列车脱轨事故,导致 7 人受伤,其中 1 人伤势严重。

(3)2009 年 12 月 22 日,一列在法国巴黎大区运行的 C 线快速地铁(RER)在巴黎南郊发生脱轨事故,造成车上 17 名乘客受伤,严重者出现骨折。当时车上载有 300 多位乘客,从巴黎市中心开往巴黎南郊。在晚上 8 时 40 分左右,地铁在舒瓦齐 - 勒 - 和瓦站发生脱轨事故。

(4)2014 年 7 月 15 日,莫斯科地铁在"深蓝"线"胜利公园"站至"斯拉维扬斯克"站之间发生一起地铁列车脱轨事故。由于事发时正值早高峰,地铁车厢内乘客较为密集,事故导致至少 19 人死亡、百余人受伤。这是莫斯科地铁系统开通以来最严重的事故之一。

2.1.4 列车撞车事故案例

(1)与第三方相撞事故。2003 年 1 月 25 日,英国伦敦一列挂有 8 节车厢的中央线地铁列车在行经伦敦市中心一地铁站时出轨并撞在隧道墙上,最后 3 节车厢撞在站台上,造成 32 名乘客受轻伤。

(2)追尾撞车。2011 年 9 月 27 日 14 时 51 分,上海地铁 10 号线豫园站至老西门站下行区间发生追尾事故,共造成 271 人受伤,其中 20 人重伤,无人死亡。经分析,事故原因是 10 号线当时发生信号系统故障,交通大学站至南京东路站采用电话闭塞方式安排车辆进出,但是调度员在未准确定位故障区间内全部列车位置的情况下,违规发布电话闭塞命令,接车站值班员又未在严格确认区间线路是否空闲的情况下,违规同意发车站的电话闭塞要求,最终导致事故的发生。

(3)迎面相撞事故。1991 年 4 月 16 日,瑞士苏黎世地铁总站因地铁机车电线短路,导致地铁机车最后两节车厢发生火灾,司机在车站紧急制动停下时,与迎面开来的一列地铁列车相撞起火 58 人重伤。

(4)侧面撞车。2009 年 12 月 22 日,上海轨道交通 1 号线发生两辆列车碰撞事故。早晨 7 时左右,1 号线 150 号列车运行至上海火车站折返站时,与正在折返的 117 号车（空车）侧面碰撞，所幸当时两车速度较慢，且 150 号车司机已立即采取紧急制动措施，无乘客伤亡。但由此导致长达 4h 的列车中断运营事故。

2.1.5 地铁拥挤踩踏事故案例

（1）1999 年 5 月，白俄罗斯地铁车站人数过多发生意外，54 人被踩死。

（2）2001 年 12 月 4 日晚 10 点 04 分，上海地铁 1 号线人民广场站内，一名大连籍女子在等候地铁时，被急于登车的拥挤人群挤下站台，当场被驶入站台的地铁列车轧死。据公安机关的进一步调查认为，是人员拥挤直接导致了惨剧的发生。

（3）2014 年 6 月 7 日 13 时左右，广州地铁 3 号线梅花园开往体育西路方向列车到达梅花园站时，一名乘客突然晕倒，却有不明情况的乘客大喊"砍人"，致大量乘客恐慌中往外涌，结果发生踩踏事故，造成 6 名乘客受伤。

2.1.6 地铁中毒窒息事故案例

日本东京地铁遭"沙林"毒气袭击。1995 年 3 月 20 日上午 8 时 10 分左右，东京地铁 3 条线路的 5 节车厢同时发生被称为"沙林"的神经性毒气泄漏事件，造成 12 人死亡，14 人终身残疾，5000 多人受伤。由于放在 5 节车厢中的 11 个可疑物均在上班高峰时间同时泄漏毒气，事件发生后全世界为之震惊。

2.1.7 地铁其他事故案例

（1）1998 年 1 月 1 日，北京地铁 2 号线某列车运行至和平门进站前，车组司机、副司机由于精神不集中，导致回手柄过晚，进站速度又快，错过制动时机，且采取措施不当，造成列车"全列冒进信号"的行车安全事故。

（2）北京地铁 1 号线某车司机担当列车运行任务时，当列车在苹果园站上行停稳开关门作业时，乘客为抢上车将手插进门缝中。由于门缝间隙较小未造成车门安全电路显示异常，门灯正常熄灭，又因苹果园上行站高峰期站台滞留乘客较多，电视监视器安装受站台原始设计的局限性影响，列车长无法正常瞭望，列车启动后，列车长才发现乘客被夹，采取紧急停车措施，造成一起夹人走车 3m 左右的行车安全事故。

（3）2013 年 4 月 9 日，北京地铁 1 号线苹果园站，由于列车司机未及时发现侧墙上一小段通信电缆侵入限界，在列车驶出时，与侵入轨道的电缆发生剐蹭，导致列车在苹果园站内停留十多分钟，造成早高峰乘客滞留。

（4）伦敦地铁大停电事故。2003 年 8 月 28 日傍晚，一场突如其来的停电事故给英国伦敦地铁和英格兰东南部的铁路交通带来了巨大混乱。停电对伦敦发达的地铁网络影响最为严重，当时正值下班高峰期，每小时有 500 多趟列车在伦敦地下穿梭。停电之后，近三分之二的地铁列车停运，大约25万人被困在地铁中，许多地铁站被迫暂时关闭。由于当时没电，伦敦地铁里漆黑一片，工作人员一时无法确定各趟列车到底停在隧道里的什么位置，疏散工作一度遇到困难，但受困在地下隧道中的25万乘客没有惊慌，坚持耐心等待，并在救援人员到达后积极地配合有序撤离，从而成就了25万人全部安全撤离无一人伤亡的奇迹。正是在乘客的积极配合下，伦敦交通部最终凭借高效的应急系统和出色的危机管理能力，迅速走出了停电带来的恐慌。

(5)北京地铁停电事故。遭遇地铁停电，组织乘客安全撤离国内也有成功案例。1996年1月19日下午5时20分左右，北京首钢一段高压输电线被砸断引起北京市供电系统的电源故障，造成京西大规模停电，此时正值下班高峰运营期，地铁1号线57辆地铁列车突然断电被迫停运，堵塞长达146min。车上乘客积极配合工作人员进行有序疏散，整个疏散过程没有造成一人伤亡。

(6)1999年11月30日建国门站下层改造站水淹道床事故。1999年11月30日早晨，北京地铁1号线建国门站下层改造站东端粮库下面一水管漏水，水淹北京站至永安里联络线三轨，排水不利，造成复八线试运营停运123min的事故。

此次漏水是由于建国门站下层改造站东端粮库底下的一根支管上的阀门漏水，其阀门是关闭的，但由于多年没有进行更换维修，且设在一般无人出入的地方，造成阀门锈蚀，引起漏水。同时，北—永联络线的两台排水泵的开关设置在手动挡，未设置在自动挡，以至水量增大淹没三轨。在11月30日早三轨送电时，直流电通过水与排水泵外皮保护零线构成回路将排水泵的电缆线烧损，排水泵不能再次正常启动，最终造成试运营停运。

(7)2004年7月10日万寿路站因大雨被淹。2004年7月10日下午4时许，北京城区下起了暴雨，下午5时30分左右，北京地铁1号线地铁万寿路站进水，晚上5时40分将万寿路站封闭，客车甩站通过，迅速启动抽水预案，该站停运20min才恢复正常运营。

此次事故，主要是由于雨量大造成的。由于及时启动了应急预案，采用甩站的对策，保障了运营安全，没有再次发生水淹三轨的事故。

(8)2011年6月23日地铁联络线因降雨被淹。2011年6月23日下午，北京因突降暴雨，北京地铁1号线古城车辆段与运营正线的联络线洞口积水猛涨，虽有三台大功率水泵强力排水，但水面持续升高并有少量雨水进入正线。为防止雨水掩埋接触轨，地铁公司迅速采取古城站至苹果园站上下行区间接触轨停电措施，1号线列车在八角游乐园站折返，持续八角游乐园站至四惠东站的运营，并通过广播告知乘客，减少了事故损失。

(9)1995年7月25日，法国巴黎一列地铁列车发生炸弹爆炸事故，造成8人死亡,117 人受伤。

(10)1996 年 6 月 11 日,俄罗斯莫斯科一地铁列车在行进途中突然发生爆炸,造成 4 人死亡,7 人受伤。

(11)2004 年 2 月 6 日,一声巨响从莫斯科地铁巴维列茨卡娅站至汽车厂站之间的隧道中传来,地铁列车发生爆炸。这场莫斯科有史以来最为严重的地铁列车爆炸案,造成近 50 人死亡,100 余人受伤。

(12)2006 年 10 月 21 日 7 时 45 分,北京地铁 1 号线苹果园站,当时有很多人在地铁站内等车,比较拥挤。正当列车进站时,一名男子突然从站台大约中间位置掉了下去,虽然列车紧急制动,但还是轧了过去,导致 1 人死亡,古城站至苹果园站停运 32min。

(13)2011 年 7 月 5 日早 9 时 36 分,北京地铁 4 号线动物园站 A 口上行电扶梯发生设备故障,正在搭乘电梯的部分乘客由于上行的电梯突然间倒转,原本是上行的电梯突然下滑,很多人猝不及防,人群纷纷跌落,导致踩踏事件的发生,事故造成 1 人死亡,2 人重伤,26 人轻伤。

(14)2013 年 1 月 19 日 7 点 20 分左右,地铁 4 号线一列车运行至平安里站时出现故障,车底部突然冒出白烟。受此影响,该线路部分列车出现走走停停状况。事故车辆的故障原因为受流器接地导致无法供电,故障约在半小时后排除。

2.2 地铁运营系统主要事故类型以及危险因素分析

2.2.1 地铁事故影响危险度分析

1)地铁事故发生频次和严重程度分析

地铁每天运载大量乘客,且起、停较为频繁,地铁车辆在固定的钢轨上移动,行车安全问题就伴随其移动而产生。地铁车辆是由许多部件组成的复杂整体,一旦某一个部件发生故障,就可能造成地铁行车事故。

地铁运营安全是非常突出的问题,在此,统计了国内外地铁发生的各类事故,国内外地铁事故情况如见表 2-1。

国内外地铁事故情况一览表　　表 2-1

时　间	地　点	原因及事故类型	后　果
1. 火灾事故			
1903 年 8 月	法国巴黎	车厢是用木质材料进行装修	84 名乘客死亡
1971 年 12 月	加拿大蒙特利尔	地铁机车短路诱发火灾	36 辆车被毁,司机死亡
1973 年 3 月	法国巴黎	第七节车厢人为纵火	车辆被毁,2 人死亡

续上表

时　间	地　点	原因及事故类型	后　果
1974 年 1 月	加拿大蒙特利尔	车辆内废旧轮胎引起电线短路引起火灾	9 辆车被毁,300m 电缆烧断
1975 年 7 月	美国波士顿	隧道照明线路被拉断,引发大火	中断运营,无伤亡
1976 年 5 月	葡萄牙里斯本	火车头牵引失败,引发火灾	4 辆车被毁
1976 年 10 月	加拿大多伦多	人为纵火	4 辆车被毁
1977 年 3 月	法国巴黎	天花板坠落引发火灾	无伤亡
1978 年 10 月	德国科隆	丢弃的未熄灭的烟头引起火灾	伤 8 人
1979 年 1 月	美国旧金山	电路短路引起火火灾	死亡 1 人,伤 56 人
1979 年 3 月	法国巴黎	乘客车厢电路短路引发大火	毁车 1 辆,伤 26 人
1979 年 9 月	美国费城	丢弃的未熄灭烟头引燃油箱	2 辆车燃烧,4 名乘客受伤
1980 年 4 月	德国汉堡	车厢座位着火	2 辆车被毁,伤 4 人
1980 年 6 月	英国伦敦	丢弃的未熄灭的烟头引起火灾	死亡 1 人
1981 年 6 月	俄罗斯莫斯科	电路引起火灾	死亡 7 人
1981 年 9 月	德国波恩	人员操作失误导致火灾	车辆报废,无人员伤亡
1982 年 3 月	美国纽约	传动装置故障引发火灾	伤 86 人,1 辆车报废
1982 年 6 月	美国纽约	人为纵火	4 辆车被毁
1982 年 8 月	英国伦敦	电路短路引起火灾	伤 15 人,1 辆车被毁
1983 年 8 月	日本名古屋	地铁站变电所起火	大火燃烧了 3 个多小时,3 名消防队员死亡,3 名救援队员受伤
1983 年 9 月	德国慕尼黑	电路着火	2 辆车被毁,伤 7 人
1984 年 9 月	德国汉堡	列车座位着火	2 辆车被毁,伤 1 人
1984 年 11 月	英国伦敦	车站站台引发大火	车站损失巨大
1985 年 4 月	法国巴黎	垃圾引发大火	伤 6 人
1987 年 11 月	英国伦敦	地铁站机房内产生电火花,引燃自动扶梯的润滑油导致大火	32 人丧生(包括一名消防员),100 多人受伤,地下二层的两座自动扶梯和地下一层的售票厅被烧毁
1991 年 4 月	瑞士苏黎世	地铁机车电线短路起火	重伤 58 人
1991 年 6 月	德国柏林	人为火灾	18 人送医院急救
1995 年 10 月	阿塞拜疆	电动机车电路故障引起火灾	死亡 558 人,伤 269 人

续上表

时　间	地　点	原因及事故类型	后　果
2000年11月	奥地利萨尔茨堡州	列车上的电暖空调过热，使保护装置失灵引起火灾	死亡155人，伤18人
2003年1月	英国伦敦	列车撞月台引发大火	至少造成32人受伤
2003年2月	韩国大邱	人为纵火	135人死亡，137受伤，318人失踪
2004年1月	香港	人为纵火	有14人不适送医院
2005年8月	北京	2号线和平门东南口通风井冒出烟雾	封闭和平门地铁站无人员伤亡
2012年8月	韩国釜山	火灾	40余名乘客吸入有毒气体
2. 恐怖袭击事故			
2004年2月	俄罗斯莫斯科	恐怖袭击	40人死亡，100多人受伤
2005年7月	英国伦敦	在三辆地铁上引爆自杀式炸弹	死亡56人
3. 列车脱轨事故			
1991年8月	美国纽约	设备故障引起列车脱轨	6人死亡，100多人受伤
2000年3月	日本	地铁列车发生脱轨意外	造成3人死亡，44人受伤
2000年6月	美国纽约	地铁列车脱轨意外	89位乘客受伤
2003年8月	法国巴黎	设备故障引起列车脱轨	设备损毁严重
2003年10月	英国伦敦	地铁脱轨事故	导致7人受伤，其中1人伤势严重
2004年10月	日本新潟	地震引起列车脱轨	无伤亡
2005年4月	日本	脱轨	91人死亡，456人受伤
2006年7月	西班牙瓦伦西亚	脱轨翻车	41人死亡
2009年12月	法国巴黎	C线快速地铁发生脱轨	17人受伤
2013年1月	昆明	列车与轨道左侧侵限防火门体发生碰轧，造成列车脱轨	造成1死1伤
2014年7月	俄罗斯莫斯科	“深蓝”线地铁列车脱轨	19人死亡，百余人受伤
4. 撞车事故			
1987年	韩国釜山	地铁制动失灵导致撞车	造成78人受伤
1990年8月	法国巴黎	地铁列车撞车	43人受伤
1991年4月	瑞士苏黎世	地铁机车电线短路发生火灾司机紧急制动停下时与迎面列车相撞起火	伤58人
1994年10月	韩国汉城	运送燃油的地铁列车撞上客运列车	3人死亡，44人受伤

续上表

时　间	地　点	原因及事故类型	后　果
1999年8月	德国科隆	地铁撞击事故	造成67人受伤,其中7人重伤
2003年1月	英国伦敦	地铁列车脱轨事故并与隧道墙相撞	32名乘客受伤
2005年1月	泰国曼谷	列车相撞	100多人受伤
2008年9月	美国洛杉矶	撞车(地铁同货车相撞)	25人死亡
2009年5月	美国波士顿	追尾撞车	50人受伤
2009年6月	美国华盛顿	撞车	9人死亡,70多人受伤
2009年12月	上海	1号线两列车碰撞	无伤亡,中断运营140min
2009年12月	上海	轨道交通1号线两辆列车相撞	无人伤亡,造成全线瘫痪
2011年9月	上海	地铁10号线追尾	271人受伤,其中约20人重伤
2012年11月	韩国釜山	追尾事故	30多人受伤
5.爆炸事故			
1995年2月	韩国大邱	煤气爆炸引发地铁事故	101人死亡,143人受伤
1995年7月	法国巴黎	列车炸弹爆炸事件	造成8人死亡,117人受伤
1996年6月	俄罗斯莫斯科	地铁列车在行进途中突然发生爆炸	造成4人死亡,7人受伤
1999年6月	俄罗斯圣彼得堡	地铁车站发生爆炸	造成6人死亡
2001年8月	英国伦敦	意外爆炸	造成6人受伤
2005年7月	英国伦敦	自杀式爆炸	59人死亡,数百人受伤
2005年7月	英国伦敦	爆炸	1人受伤
6.供电系统			
1989年5月	北京	供电故障	积水潭站外环中断行车140min,内环中断行车111min
1995年10月	北京	电缆击穿接地	中断内环行车167min
1996年1月	北京	北京市供电系统电源故障	堵塞长达146min
1999年7月	北京	变电站突发短路事故	导致地铁运行中断,12组列车被困隧道,千余人被困
2003年7月	上海	供电系统发生故障	1号线中断运营60min,滞留乘客达到45万人,无伤亡
2003年8月	英国伦敦	重大停电事故	伦敦近三分之二地铁停运,大约25万人被困在地铁中
2004年3月	上海	站厅意外断电	影响运营

续上表

时　间	地　点	原因及事故类型	后　果
7. 拥挤踩踏事故			
1999 年 5 月	白俄罗斯	地铁车站人数过多意外	54 人被踩死
2001 年 12 月	上海	拥挤踩踏	1 人死亡
8. 中毒窒息事故			
1995 年 3 月	日本东京	"沙林"毒气泄漏	12 人死亡，14 人终身残疾，5000 多人受伤
9. 其他事故			
1999 年 11 月	北京	水淹道床事故	造成复八线试运营停运 123min 的事故
2001 年 9 月	中国台北	水淹车站	纳丽台风带来的暴雨和洪水造成 18 座车站淹水，使台北地铁陷于瘫痪
2003 年 7 月	上海	管涌坍塌	施工隧道渗水，隧道部分坍塌。造成一幢 8 层楼房坍塌，附近一段长约 30m 的防汛墙受地面沉降影响，沉陷、开裂，直接经济损失 1.5 亿元人民币
2004 年 3 月	北京	风机故障	列车在大望路车站停滞 30min
2004 年 7 月	北京	1 号线万寿路车站被淹	该站停运 20min
2006 年 10 月	北京	乘客掉入站台	1 人死亡，停运 32min
2007 年 3 月	北京	施工现场塌方	6 人死亡
2007 年 7 月	南京	男子在珠江路站卧轨	1 人死亡，停运 30min
2007 年 7 月	上海	乘客被夹在车门与屏蔽门之间	1 人死亡
2007 年 8 月	美国纽约	暴雨	暴雨导致地铁运输系统瘫痪
2007 年 12 月	南京	乘客进入轨道区	列车停运 4min
2008 年 4 月	深圳	施工现场坍塌	3 死 2 伤
2008 年 10 月	印度新德里	地铁施工高架桥坍塌	2 人死亡、16 人受伤
2008 年 11 月	杭州	施工现场坍塌	40 多人伤亡
2009 年 1 月	上海	吊车侧翻	1 人死亡
2009 年 5 月	广州	施工现场不明气体泄漏	3 人死亡
2009 年 7 月	印度新德里	地铁施工高架桥坍塌	至少 5 人死亡，20 人受伤
2009 年 8 月	西安	地铁 1 号线酒金桥站施工现场发生坍塌事故	2 人死亡

续上表

时　　间	地　　点	原因及事故类型	后　　果
2011 年 6 月	北京	1 号线联络线被淹	部分车站停运
2011 年 7 月	北京	地铁 4 号线动物园站 A 口上行电扶梯发生设备故障	1 人死亡,2 人重伤,26 人轻伤
2011 年 7 月	上海	地铁 10 号线开错方向	无人伤亡
2012 年 12 月	上海	上海地铁 12 号线施工中塌方	5 死 18 伤
2013 年 1 月	南宁	某在建地铁污水管线迁改工程发生塌方	2 死 1 伤
2013 年 1 月	北京	地铁 4 号线因受流器接地,摩擦后产生烟雾	大量乘客滞留
2013 年 1 月	北京	北苑路北站发生制动不缓解故障	大量乘客滞留

说明:本表收集的数据为给社会造成一定影响的事故。

国内外地铁发生的主要事故种类、频率情况绘出比例如图 2-2,各种事故造成的损失如图 2-3。

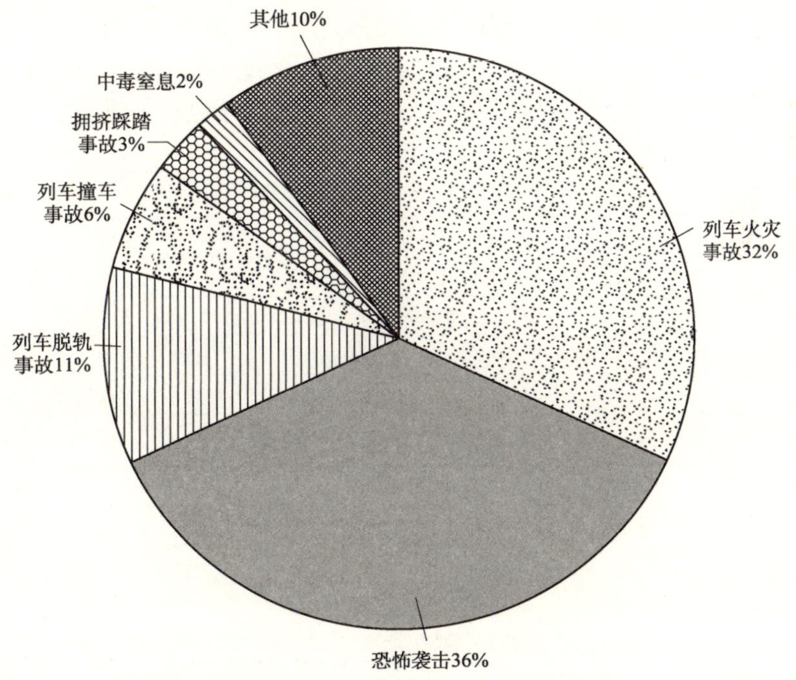

图 2-2　国内外地铁事故种类发生频率情况比例图

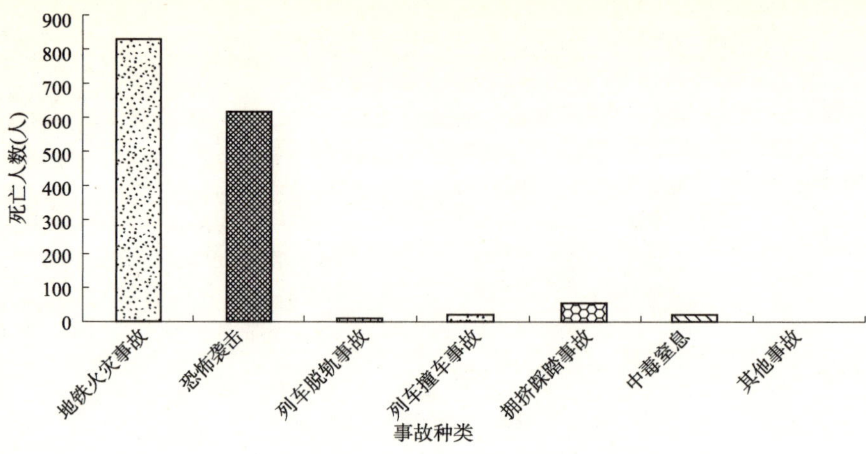

图 2-3 国内外地铁事故种类发生损失后果(死亡人数)情况对比图

2)地铁事故危险度分析

计算危险度时需考虑:

(1)受害程度或损失大小,即严重度。

(2)造成某种损失或损害的难易程度,损害发生的难易性一般用某种损害发生的概率来描述。

考虑到这两个方面的问题,可以用下面的经验公式来表示危险度。

危险度(Risk) = 严重度(Serious) × 概率(Probability)

严重度和概率取值见表 2-2、表 2-3。我们对国内外地铁事故发生情况进行分析,确定了严重度和概率取值。

严重度(S)分级赋值情况表 表 2-2

严重度分级	表 现 特 征	取值(S)
灾难性的	具有紧急的危险,能引起大范围的死亡及伤病的危害能力	9 ~ 10
严重的	危害能引起严重的疾病、伤亡、设备及财产损失	6 ~ 8
临界的	危害能引起疾病、伤害及设备损失但不是严重的	3 ~ 5
可忽略的	危害不会引起严重的疾病、伤害,极小的伤害可能,伤害程度不需急救处理	1 ~ 2

危害概率(P)分级赋值情况表 表 2-3

危害概率分级	表 现 特 征	取值(P)
可能发生	有可能立刻发生或短期内会发生	9 ~ 10
有理由可能发生	一段时间内会发生	6 ~ 8
可能性小	一段时间内可能发生	3 ~ 5
可能性极小	不太可能发生	1 ~ 2

表 2-4 为按事故后果严重程度分析所得严重度分级赋值结果。表 2-5 为按事故发生频次分析所得危害概率赋值结果。

国内外发生各类事故损失后果情况一览表　　表 2-4

类别＼损失	死亡人数	伤亡人数	设备损失	严重度分级	取值(S)
地铁火灾事故	831	570	61 辆车被毁	灾难性的	10
恐怖袭击	625	2755	9 辆车被毁	灾难性的	10
列车脱轨事故	10	258	—	严重的	8
列车撞车事故	12	235	—	严重的	8
拥挤踩踏事故	55	—	—	严重的	6
中毒窒息	12	5000	—	灾难性的	10
其他事故	只是中断运营,无伤亡				2

国内外发生各类事故频率情况一览表　　表 2-5

类别＼损失	发生次数	危害概率分级	表 现 特 征	取值(P)
地铁火灾事故	20	可能发生	短期内有可能发生	9
人为纵火恐怖袭击	23	可能发生	短期内有可能发生	9
列车脱轨事故	7	有理由可能会发生	一段时间内会发生	8
列车撞车事故	4	有理由可能会发生	一段时间内会发生	6
拥挤踩踏事故	2	有理由可能会发生	一段时间内会发生	5
中毒窒息	1	可能性小	一段时间内可能不会发生	5
其他事故	6	可能发生	短期内有可能发生	9

如图 2-2 所示,通过对国内外地铁事故种类发生次数的统计分析可以看出,恐怖袭击占 36%,居第一位。恐怖袭击均为外界因素影响地铁的安全问题,具有一定的不可控性,在此不作过多分析;地铁火灾事故占 32%,居第二位;以下依次是列车脱轨事故、其他事故、列车撞车事故、拥挤踩踏事故、中毒窒息事故。

如图 2-3 所示,通过对国内外地铁事故种类发生损失后果(死亡人数)的统计分析可以看出,列车火灾事故导致的死亡人数最多,其次是恐怖袭击等意外因素导致的伤亡,以下依次是拥挤踩踏事故、中毒窒息事故、列车撞车事故、列车脱轨事故、其他事故。

根据国内外事故种类发生的次数和后果损失情况,对影响地铁危险有害因素等级情况划分如表 2-6 所示。

火灾事故是地铁中的多发事故,国内地铁火灾情况统计见表 2-7 所示。

危险有害因素等级分类情况表　　表 2-6

事故种类	危险度 $R=S\times P$	等级序号	备　注
地铁火灾事故	$R=10\times9=90$	1	
人为纵火、恐怖袭击等意外事故	$R=10\times9=90$	6	考虑我国国情而定
列车脱轨事故	$R=8\times8=64$	2	
拥挤踩踏事故	$R=8\times6=48$	4	
列车撞车事故	$R=6\times5=30$	5	
中毒和窒息事故	$R=10\times5=50$	3	考虑二次事故后窒息情况
其他事故	$R=2\times9=18$	7	

我国主要城市地铁火灾情况表　　表 2-7

地点	开始运营时间	火灾情况	火灾原因
北京	1969 年开通第一条线路	自 1984 年以来,共发生火灾 5 起	车辆电器故障;人员违章操作;车厢内座椅为可燃物;设备老化
上海	1993 年开通	39 次设备故障;3 次使用灭火器灭火;1 次启动卤代烷 1301 灭火系统灭火;火灾直接经济损失 1725 万元	设备过载,断路;小动物损坏设备等;违章电焊
天津	1980 年开通第一条线	1 起火灾	值班室棉被被电灯引燃
广州	1999 年全线开通运营	1 起火灾,直接经济损失约为 20 万元	变电所电柜电器元件故障引燃电线

通过对地铁危险有害因素危险度分析可知,地铁火灾事故的危险度值最高,恐怖袭击等意外事故在国外发生的次数比较多,但考虑到我国政治稳定,人员素质较高,因此,恐怖袭击等意外事故的危险度分值对我国地铁而言较低。

2.2.2　地铁运营系统主要事故危险因素辨识分析

通过国内外典型地铁事故案例原因分析可知,地铁事故受两大方面因素的影响,即:内部因素和外部因素。内部因素主要是指由设备设施故障或人为误操作等;外部因素主要是指有恐怖袭击、乘客携带违禁品、自然灾害、外界事故(如停电、水、气管道破裂)等。

1)地铁火灾危险因素分析

(1)内部火灾危险、有害因素分析。

①车站、隧道以及列车内存在大量的电气设备等,这些设备一旦发生故障可能引发火灾危险;

②车站、列车内的建筑装饰材料、广告牌等为可燃材料，可能会发生火灾危险；

③地铁车辆、供电设备、机电设备等，一旦发生故障，可能导致地铁火灾事故。

(2)乘客违章携带危险品、吸烟和吸烟后烟蒂随处乱扔等引起火灾危险。

(3)人为因素(如恐怖袭击、投毒、纵火等)、意外明火可能引起火灾危险。

(4)地铁车站站厅乘客疏散区、站台和疏散通道内违规设置的商业网点存在发生火灾的危险，且可能会引起连锁火灾事故。

2)地铁列车脱轨危险因素分析

地铁列车脱轨主要是由地铁内部危险因素导致的。

(1)线路设计或铺设不合格，道岔伤损、轨枕伤损、道床伤损、接触轨伤损、钢轨断裂等均可能导致列车脱轨危险。

(2)列车超速、列车走行部件发生故障，可能导致列车脱轨危险。

(3)地铁列车、线路设备等一旦发生故障，可能导致列车脱轨事故。

(4)地铁轨道周边物体侵入运营线路，如电缆伪装门坠落、抹灰层脱落等，异物侵限可引起列车损坏、列车倾覆、列车脱轨等重大、特大安全事故。

3)地铁拥挤踩踏危险因素分析

地铁发生拥挤踩踏事故有两方面原因：

(1)车站内人员负荷过大、车站疏散通道或疏散楼梯设置不合理，车站站台、集散厅及疏散通道内有妨碍疏散的设施或堆放物品，车站出入口存在缺陷或有突发事件发生时，都可能造成人员拥挤踩踏。

(2)其他原因。如地铁列车故障、火灾或其他危险状况等紧急情况发生时，也可能发生乘客挤伤、踩踏等危险。

4)地铁列车撞车危险因素分析

处于高速移动状态的列车，也伴随着高风险，一旦瞬间的设备异常或人员违章操作，可能造成撞车危险。撞车危险包括与第三方相撞、追尾撞车、迎面相撞、侧面撞车等。

5)地铁中毒和窒息危险因素分析

中毒和窒息包括中毒、缺氧窒息、中毒性窒息。在火灾事故情况下，可能产生大量烟气，存在中毒和窒息的危险。

(1)地铁发生火灾后会产生大量的烟雾，如果通风设施故障，可能造成中毒和窒息的危险。

(2)人为恐怖袭击可能使用的有害气体等也能造成中毒和窒息。

6)其他事故危险因素分析

(1)地铁电动车辆、地铁变电所、配电室、电缆、三轨以及风机、水泵等设备由于设备缺陷、设计不周、防护不当等技术原因可能导致触电危险。此外，由于人的违章作业、违章操作也可能造成触电危险。

(2)乘客使用扶梯时，可能造成碰撞、夹击、卷入等伤害。扶梯正常运行状态下的乘客违章乘梯，可能造成严重的乘客摔伤。

(3)列车车厢内灯管爆裂、内侧玻璃意外脱落等均可能导致机械伤害。

(4)列车在紧急起、制动时具有很大的惯性，可能导致乘客摔伤。

(5)乘客手扶车门、上下车时机选择不当或地铁列车设备故障可能发生车门夹人等机械伤害。

2.2.3 地铁系统预先危险性分析

1)方法简述

预先危险性分析可以用来分析复杂系统存在的危险危害因素，其具体分析步骤如下：

(1)通过经验判断、技术诊断或其他方法调查确定危险源(即危险因素存在于哪个子系统中)，对所需分析系统的目的、装置及设备、作业条件以及周围环境等，进行充分详细的了解；

(2)根据过去的经验教训及同类行业运营中发生的事故(或灾害)情况，对系统的影响、损坏程度，类比判断所要分析的系统中可能出现的情况，查找能够造成系统故障、物质损失和人员伤害的危险性，分析事故(或灾害)的可能类型；

(3)对确定的危险因素分类，制成预先危险性分析表；

(4)转化条件，即研究危险因素转变为危险状态的触发条件和危险状态转变为事故(或灾害)的必要条件，并进一步寻求对策措施，检验对策措施的有效性；

(5)进行危险性分级，排列出重点和轻、重、缓、急次序，以便处理。

在分析系统危险性时，为了衡量危险性的大小及其对系统破坏程度，将各类危险性划分为4个等级，见表2-8。

危险性等级划分表 表2-8

级　别	危险程度	可能导致的后果
Ⅰ	安全的	不会造成人员伤亡及系统损坏
Ⅱ	临界的	处于事故的边缘状态，暂时还不至于造成人员伤亡、系统损坏或降低系统性能，但应予以排除或采取控制措施
Ⅲ	危险的	会造成人员伤亡和系统损坏，要立即采取防范对策措施
Ⅳ	灾难性的	造成人员重大伤亡及系统严重破坏的灾难性事故，必须予以果断排除并进行重点防范

2) 地铁主要危险危害因素预先危险分析结果

根据国内外地铁事故危险度分析结果，我们对地铁存在的主要危险危害因素进行了预先危险分析，其结果见表2-9。

地铁主要危险危害因素预先危险分析结果汇总表 表2-9

危险因素	可能发生位置及时间	可能原因	事故后果	危险等级
地铁火灾、爆炸	列车上	车辆电路短路等列车故障； 车厢内可燃物着火； 未熄灭的烟头； 人为纵火	设备损失、中断运营、人员伤亡	Ⅳ
	车辆段	维修设备时违章作业； 电气火灾	设备损失、人员伤亡	Ⅲ
	车站	车站内的电气设备故障； 乘客携带危险品、吸烟和吸烟后烟蒂随处乱扔等处置不当； 人为纵火； 地铁站厅和通道内违规设置的商业网点发生火灾引起连锁火灾等	设备损失、人员伤亡、中断运营	Ⅳ
	隧道	隧道电缆着火； 隧道内电气设备故障起火； 隧道内可燃物着火	设备损失、中断运营	Ⅲ
列车脱轨	列车运行中或试车作业时	车辆故障； 列车超速； 钢轨断裂、道岔伤损； 异物侵界； 司机误操作	设备损失、人员伤亡、中断运营	Ⅲ－Ⅳ
列车撞车	列车运行中或试车作业时	车辆故障、列车超速； 司机误操作； 错办进路	设备损失、人员伤亡、中断运营	Ⅲ－Ⅳ
拥挤踩踏	列车上	紧急情况下疏散不利	人员伤亡、中断运营	Ⅲ－Ⅳ
	车站站台	人员密集或突发事故时疏散通道有障碍物； 紧急情况下疏散不利		

续上表

危险因素	可能发生位置及时间	可能原因	事故后果	危险等级
中毒窒息	车站	火灾情况下，燃烧后产生有毒有害物质；人为投毒或恐怖袭击	人员伤亡、中断运营	Ⅲ－Ⅳ
	列车上	火灾情况下，燃烧后产生有毒有害物质；人为投毒或恐怖袭击		
其他危险	列车上	车厢内灯管爆裂、内侧玻璃意外脱落等，乘客手扶车门、上下车时机选择不当夹人	可能掉线或人员伤害	Ⅰ－Ⅱ
	站台	扶梯夹人	人员伤害，不会影响运营	
	三轨	一路进线失压，母联未自投，开关跳闸；整流器故障；变压器故障；走行轨异物短路；走行轨同时接地短路；水淹三轨	运营中断，可能导致人员伤亡	Ⅲ
	地铁外部	外部大范围停电	运营中断，可能导致人员伤亡	Ⅲ
	车站	动力照明停电	可能运营中断	Ⅰ
	车站、车辆、三轨等处	车辆、地铁变电所、配电室、电缆、三轨以及风机、水泵等设备由于设备缺陷、设计不周、防护不当等	可能运营中断	Ⅰ－Ⅱ
	车站	暴雨、车站入口无防水设施	可能运营中断	Ⅰ－Ⅱ

通过预先危险分析可知，在车站和列车上发生的地铁火灾、爆炸事故，事故后果最严重，危险等级达到Ⅳ级；列车脱轨、列车撞车、拥挤踩踏和中毒窒息等的危险程度也较高，均可能导致灾难性或严重事故。

2.2.4 地铁运营因果分析

通过统计分析和专家评估分析，我们对地铁系统可能导致重大人员伤亡及长时间列车中断运营的原因进行了分析，并计算了各类因素对导致重大人员伤亡及长时间列车中断运营的贡献率，详见图2-4、图2-5。由图中可看出列车、电气、车站、钢轨等事故的贡献率，其中列车事故的贡献率最高。

图2-6、图2-7分别是导致重大人员伤亡及列车中断运营的因果分析图。

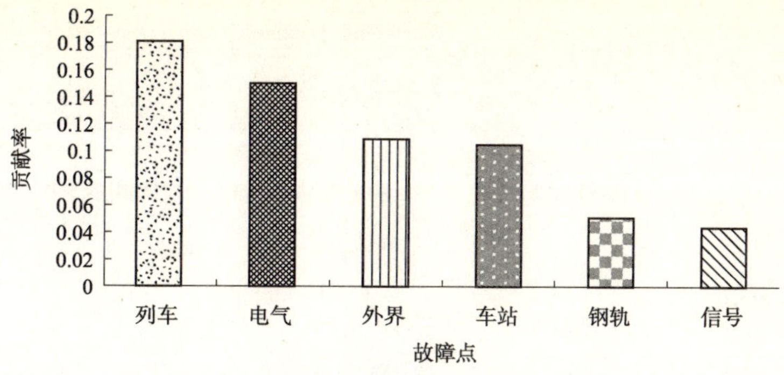

图 2-4 重大人员伤亡因果贡献排序图

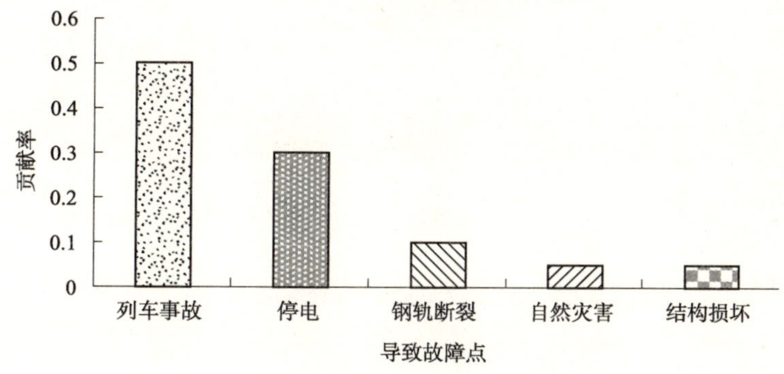

图 2-5 列车中断运营因果分析结果贡献图

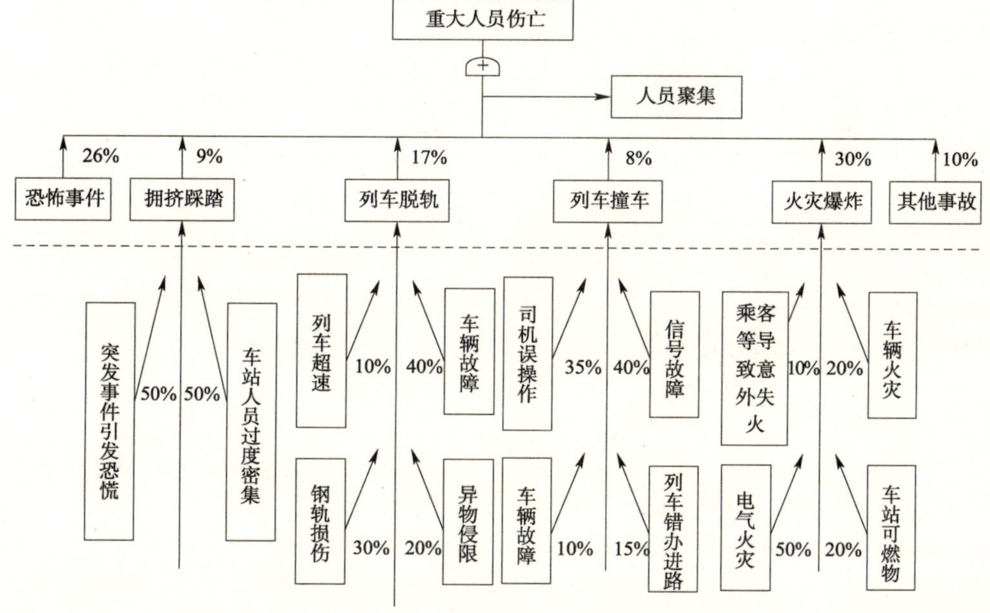

图 2-6 重大人员伤亡因果分析图

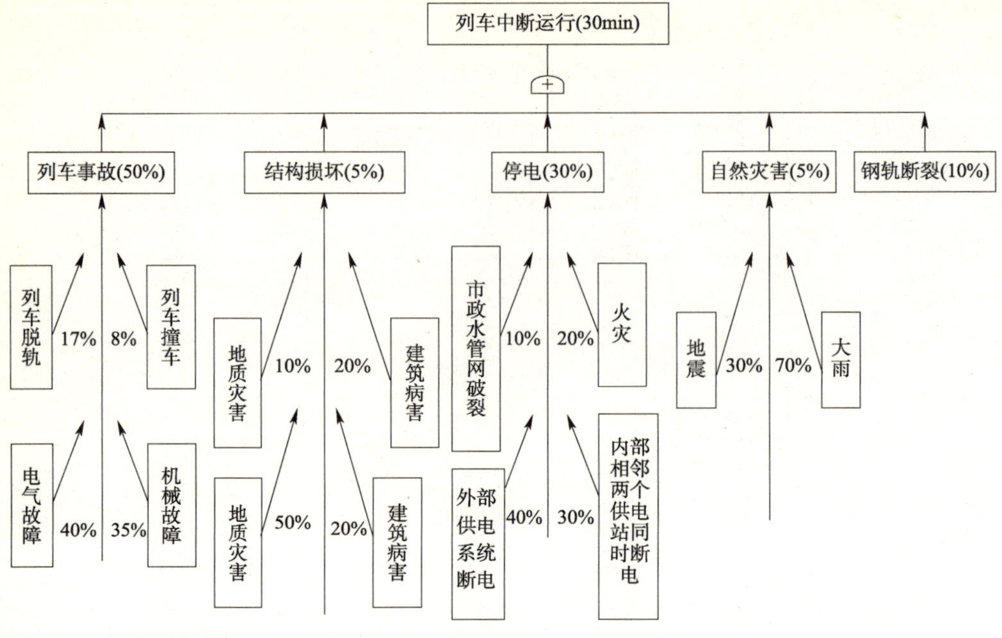

图 2-7　列车中断运营因果分析图

第3章 乘客疏散行为调查分析

在城市轨道交通出现以来的百余年中，发生过多起因乘客不能及时安全疏散而造成的城市轨道交通人员伤亡事故，其中比较典型的如1995年东京地铁沙林毒气事故（12人死亡，5000多人受伤），1995年阿塞拜疆巴库地铁火灾（558人死亡，269人受伤），2003年韩国大邱地铁火灾（135人死亡，伤137人，318人失踪）。因此，一旦发生紧急事故，如何将城市轨道交通列车及站台内的人员快速安全地撤离到安全区域的研究具有非常重要的意义。人员疏散问题是一个非常复杂的问题，其涉及建筑物的结构、火灾的发展过程和建筑物内人员的行为等多种因素。而要把人的行为对安全疏散的影响说明清楚，需要大量的统计数据。目前，我国对于这些人员行为的统计数据十分缺乏，研究方法主要是数值模拟，模拟时主要采用国外较为成熟的软件，而这些软件的基本参数都是反映软件开发者所在国家人员基本特征的，直接采用这些数据对于我国的人员疏散进行模拟，其模拟结果肯定是存在偏差的。即便是我国自行编程开发的软件，也缺乏这方面的数据支持。为此，我们对城市轨道交通乘客进行了大量的问卷调查，得出了城市轨道交通乘客的一般特性参数和行为反应规律，相信这些数据将有助于更加准确、有效地进行人员疏散研究，保障城市轨道交通运营安全。

3.1 调查问卷设计

3.1.1 调查方法

采用分层PPS（Probability Proportional to Size）抽样调查，即分层按规模大小成比例的概率抽样。

3.1.2 调查问卷的设计

科学的调查问卷，是进行城市轨道交通乘客疏散行为调查研究的关键之一。根据已有的知识和经验,参照相关文献,并经专家咨询,设计出了调查问卷,问卷见下。

城市轨道交通乘客疏散行为调查问卷

A 部分:乘坐习惯

A1. 请问您的居住地或工作地是否在地铁沿线?(单选)

1. 只是居住地在地铁沿线　　2. 只是工作地在地铁沿线
3. 居住地和工作地都在地铁沿线　　4. 居住地和工作地都不在地铁沿线

A2. 请问您一般乘坐地铁的频率如何,即您多久乘坐一次地铁("次"指单程)?(单选)

1. 每天乘坐 2 次以上　　2. 每天乘坐 2 次　　3. 每天乘坐 1 次
4. 每周乘坐 4 ~6 次　　5. 每周乘坐 1 ~3 次　　6. 每月乘坐 1 ~3 次
7. 偶尔或几乎很少乘坐　　8. 其他(请注明)________________

[访问员请注意:如果被访者为"偶尔乘坐"(即,A2 题答"7"),那么 A3 题和 A4 题请针对本次乘坐的状况提问。]

A3. 请问您一般/本次乘坐地铁的主要出行目的是什么?(单选)

1. 上下班　　2. 上下学　　3. 公务(外出办事)
4. 旅游休闲　　5. 购物　　6. 探亲访友
7. 其他(请注明)________________

[下面我将问您几个关于"地铁安全知识"的小问题。]

B 部分:安全知识

B1. 请问您是否知道地铁站内和车内的"乘客须知"呢?(单选)[出示乘客须知]

1. 知道"乘客须知"并且完全了解/基本了解其中的内容
2. 知道"乘客须知"但不太了解其中的内容
3. 不知道"乘客须知"

B2. 请问您对安全疏导标志的作用了解吗?对安全警示标识呢?对黄色安全线呢?(单选)

[逐一出示图片]

标　识	非常了解	比较了解	一　般	不太了解	完全不了解
安全疏导标识	5	4	3	2	1
安全警示标识	5	4	3	2	1
黄色安全线	5	4	3	2	1

B3. 请问您是否知道地铁车厢内设有报警装置?(单选)

1. 知道并且了解具体位置　2. 知道但不了解具体位置　3. 不知道

B4. 请问您是否知道《城市轨道交通运营管理办法》和《北京市城市轨道交通

安全运营管理办法》？（单选）

1. 全部知道
2. 只知道《城市轨道交通运营管理办法》
3. 只知道《北京市城市轨道交通安全运营管理办法》
4. 都不知道/不太清楚

B5. 请问您是否接触过有关地铁安全知识方面的宣传？（单选）

1. 接触过　　2. 没有接触过

[访问员请注意：如果被访者为"没有接触过有关地铁安全知识方面的宣传"（即，B5 题答"2"），那么 B6 题就只问后一个问题"您认为最容易接受的宣传方式是什么"。]

B6. 请问您获得地铁安全知识的主要途径有哪些？（可多选）其中您认为最容易接受的宣传方式是什么？（单选）

宣传方式	主要途径	最容易接受的宣传方式	宣传方式	主要途径	最容易接受的宣传方式
报纸杂志	1	1	亲朋好友	6	6
电视	2	2	地铁车票	7	7
相关的宣传读物	3	3	地铁工作人员的疏导、提醒	8	8
地铁站内及车内的宣传广告	4	4	地铁站内及车内的广播	9	9
互联网	5	5	其他（请注明）	—	—

C 部分：安全意识

C1. 请问您对地铁安全的关心程度如何？（单选）

1. 完全不关心　　2. 比较不关心/很少关心　　3. 一般
4. 比较关心　　5. 非常关心

C2. 请问您通常是否会有意识地站在安全线以内候车呢？（单选）

1. 会的　　2. 不会的　　3. 不知道

C3. 您对"地铁安全出口"的关注程度如何？对"消防设施位置"呢？对"安全标志"呢？（每行单选）

安全设施及标志	非常关注	比较关注	一　般	不太关注	完全不关注
地铁安全出口	5	4	3	2	1
消防设施位置	5	4	3	2	1
安全标志	5	4	3	2	1

C4. 请问您对加强地铁安全知识宣传的认同程度如何？（单选）

1. 非常认同　　2. 比较认同　　3. 一般

4. 比较不认同/不太认同　5. 完全不认同

D 部分：安全行为

D1. 请问您会吸烟吗？（单选）

1. 会的　　2. 不会

[访问员请注意：如果被访者为“不会吸烟”（即，D1 题答“2”），那么 D2 题就不必提问，请直接问 D2.1 题。]

D2. 您曾经在站台/站厅/车厢内吸过烟吗？（单选）

1. 是　　2. 否

[访问员请注意：如果被访者 D2 题答“1”，那么请标明被访者曾经吸烟的具体位置。]

D3. 如果您看到有人在站台/站厅/车厢内吸烟，您会怎么做？（单选）

1. 不理睬　　2. 上前提醒或制止　　3. 离开此处，向其他方向走

4. 其他（请注明）____________________

D4. 如果您在站厅内或列车上发现无人认领的可疑物品（如包裹、箱子、瓶子等），您会怎么做？（单选）

1. 不理睬　　2. 打开看看　　3. 通知地铁工作人员

4. 拿走，交给地铁工作人员　5. 其他（请注明）________

D5. 您以前携带过以下物品乘坐地铁吗？（每行单选）

携带物品种类	有	没　有	记不清了
油料、油漆、液化气等危险品	1	2	3
自行车、洗衣机、电视机等笨重物品	1	2	3
易碎玻璃制品	1	2	3
宠物	1	2	3

D6. 地铁内的广播，您会注意听吗？（单选）

1. 会　　2. 不会　　3. 不知道

E 部分：突发事件处理

E1. 如果地铁站内发生突发事件（如火灾、爆炸、停电、恐怖袭击等），您会怎么做？（单选）

1. 冷静观望，听从指挥　　2. 慌乱，不知所措

3. 自己想办法逃生或寻求帮助　　4. 其他（请注明）__________

E2. 您认为如果地铁内发生突发事件（如火灾、爆炸、停电、恐怖袭击等），最有效的解决方法是什么？（单选）

1. 冷静观望,听从指挥　　2. 寻求帮助

3. 自己想办法逃生　　4. 其他(请注明)________

E3. 如果您的贵重物品掉落在站台下面,您会怎么做? 对一般物品呢? (每行单选)

物品类别	自己跳下站台捡拾	找站台工作人员解决	不要了	其他(请注明)
贵重物品	1	2	3	4( )
一般物品	1	2	3	4( )

E4. 如果您进入地铁站厅内,发现地铁内乘客很多,密度很大,您会怎么做? (单选)

1. 无所谓,继续购票乘车　　2. 离开地铁站厅,换乘其他交通工具

3. 在站厅内等待,人少时再购票乘车

F 部分:背景资料

F1. 性别(访问员记录):

1. 男性　　2. 女性

F2. 年龄:________岁

[访问员请注意:如果被访者不愿透露年龄,请他/她在年龄段中选择。][出示卡片 F2]

1.7 ~12 岁　2.13 ~18 岁　3.19 ~22 岁　4.23 ~25 岁　5.26 ~30 岁

6.31 ~40 岁　7.41 ~50 岁　8.51 ~60 岁　9.61 ~70 岁　10.71 岁或以上

F3. 请问您的受教育程度是什么? (单选)

1. 小学及以下　2. 初中　3. 高中　4. 中专/技校/职业高中

5. 大专　6. 本科　7. 硕士研究生或同等学历

8. 博士　9. 其他(请列明)________

F4. 请问您目前的职业是什么? (单选)

1. 党政机关/社团/事业单位工作人员　2. 企业/公司管理人员

3. 企业/公司普通员工　4. 专业人员(包括教师/医生/律师等)

5. 个体户/私营业主　6. 自由职业者

7. 学生　8. 离退休

9. 其他(请注明)________

F5. 您目前的居住地在北京的哪个位置? (单选)

1. 城区　2. 郊区　3. 城郊接合部

F6. 您在北京居住的时间有多长? (单选)

1. 临时路过或旅游/出差　2. 半年以内　3. 半年 ~2 年

4.2 ~5 年　5.5 ~10 年　6.10 年以上

访问结束,非常感谢您的支持和帮助!

3.2 调查问卷分析

笔者开展了轨道交通乘客疏散行为调查，调查共获得 3752 份问卷，剔除不合格问卷，最终的合格样本量为 3605 份，合格率超过 90%。

3.2.1 城市轨道交通乘客构成分析

1）性别

受访乘客男性比例略高于女性，二者之比为男性乘客占 56.6%：女性乘客占 43.4%，见图 3-1。

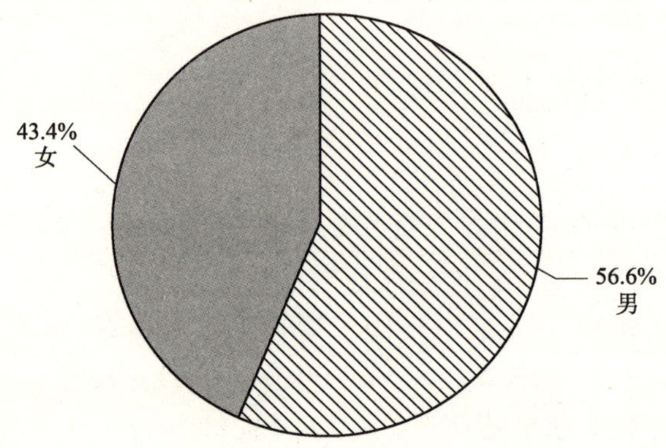

图 3-1 乘客性别比例图

2）年龄

受访乘客的年龄主要集中在 19～40 岁之间，见图 3-2。

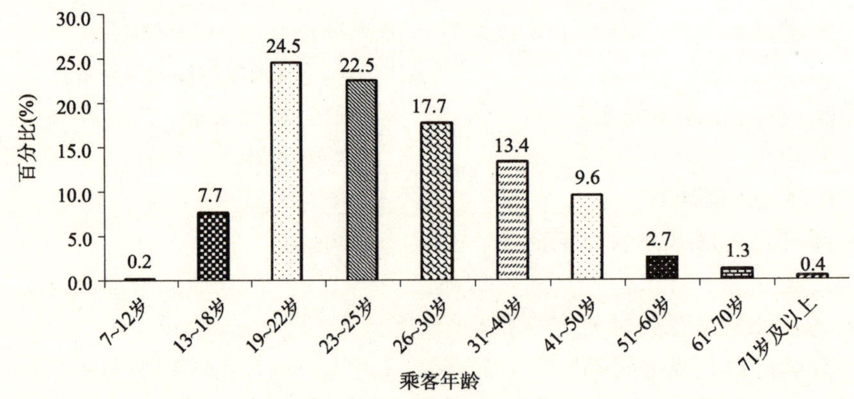

图 3-2 乘客年龄分布图

3）受教育程度

受访乘客的教育程度中大专与本科学历均各占 28.5%，其次是高中学历，占 19.6%，第三是中专/技校/职高学历，见图 3-3。

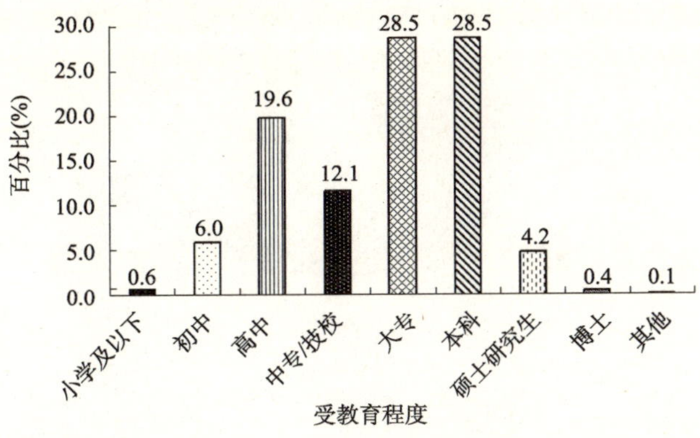

图 3-3　乘客教育程度分布图

4）职业

受访乘客的职业集中在企业/公司普通员工、学生以及企业/公司管理人员、自由职业者和专业人员（包括教师/医生/律师等）这几类人群。职业分布情况见图 3-4。

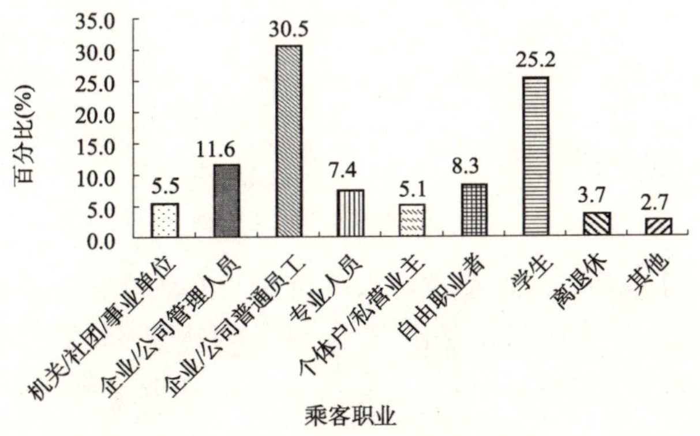

图 3-4　乘客职业分布图

5）居住地

受访乘客中 61.3% 居住在城区，26.8% 居住在郊区，另有 11.9% 居住在城乡接合部，见图 3-5。

6）居住时间

受访乘客中居住在北京 5 年以上的常住居民占 74%，2～5 年的占 10.7%，半年～2 年的占 7.1%，见图 3-6。

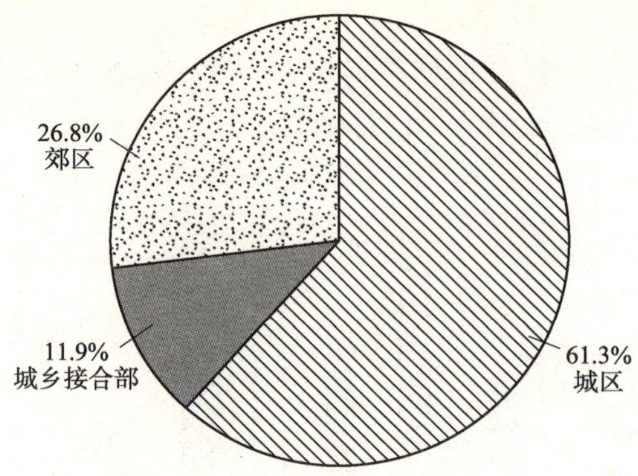

图 3-5　乘客居住地分布图

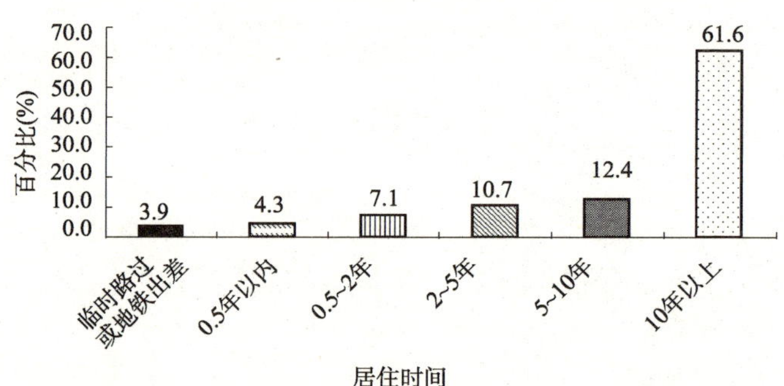

图 3-6　乘客居住时间分布图

3.2.2　乘坐习惯分析

1)工作及居住地点

总体来看,居住地和工作地都在城市轨道交通沿线与居住地和工作地都不在城市轨道交通沿线的乘客比例大致相当,分别占 34% 与 33.5%,只是居住地在城市轨道交通沿线的乘客约占 20%,而只是工作地在城市轨道交通沿线的仅占 12.5%。

2)乘坐目的

总体来看,以“上下班”为主要目的的乘客占多数,比例达 43.6%;其次是“上下学”,占 13.3%;第三是“公务(外出办事)”,占 11.2%;另外有 11.1% 的乘客以购物为主要目的;旅游休闲和探亲访友的比例分别占 9.6% 与 9.4%,见图 3-7。

分年龄看,22 岁以下乘客的主要目的是为了“上下学”,23 ~ 50 岁群体的最主要乘坐目的是“上下班”,51 岁以上群体中以探亲访友、旅游休闲为主要目的的比例明显高于其他年龄段,见表 3-1。

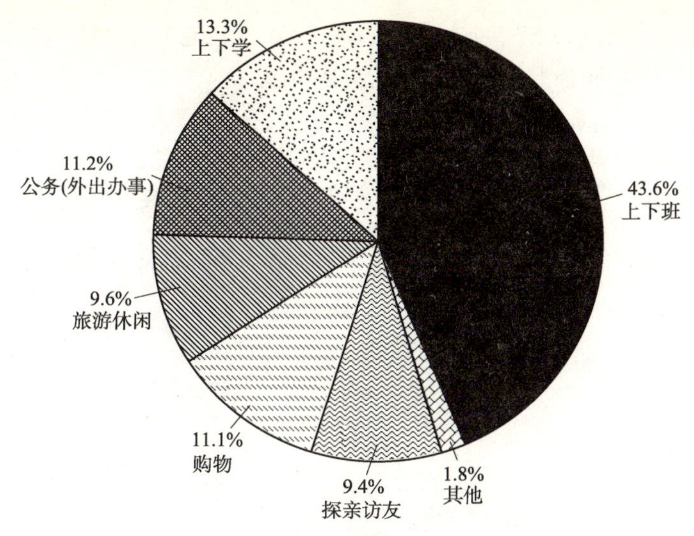

图 3-7　乘客乘坐目的分布

不同年龄段乘客乘坐目的比较　　表 3-1

乘坐目的	年龄分段(%)			
	22 岁及以下	23～30	31～50	51 岁及以上
上下班	20.9	55.9	57.5	25.9
上下学	36.3	3.0	1.4	0.6
公务(外出办事)	6.4	12.2	14.8	17.9
旅游休闲	11.8	8.3	6.7	21.0
购物	14.6	10.5	8.8	4.3
探亲访友	8.2	8.8	9.1	24.7
其他	1.8	1.3	1.8	5.6

3)乘坐频率

总体来说,每天乘坐 2 次的乘客群体占多数,比例达 28.5%,其次是每周乘坐 1～6 次,占 24%;每天乘坐 2 次以上的乘客占到 16.7%。根据不同乘客的乘坐频率,将乘客划分为三类群体,一类是常规乘客,每天乘坐 1 次及以上的乘客;一类是中度乘客,每周乘坐 1～6 次;第三类是轻度乘客,每月乘坐 1～3 次或偶尔乘坐。根据这种划分,城市轨道交通乘客中常规乘客占 48.8%,接近一半,中度乘客占 24%,轻度乘客占 27%。乘坐频率见图 3-8。

3.2.3　乘客城市轨道交通安全知识掌握程度分析

1)城市轨道交通安全知识宣传接触情况

总体来看,接触过城市轨道交通安全知识宣传的仍占少数,比例仅为 28.6%,

而没有接触过宣传的达到71.4%。说明城市轨道交通安全知识的普及宣传任重道远,有关部门仍需加强此方面的工作,见图3-9。

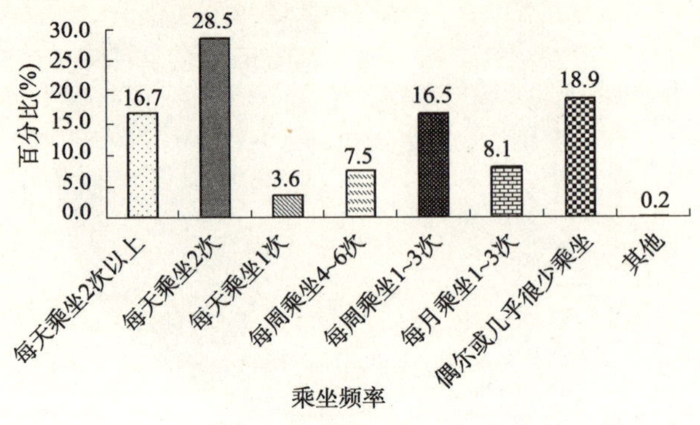

图3-8 乘客乘坐频率

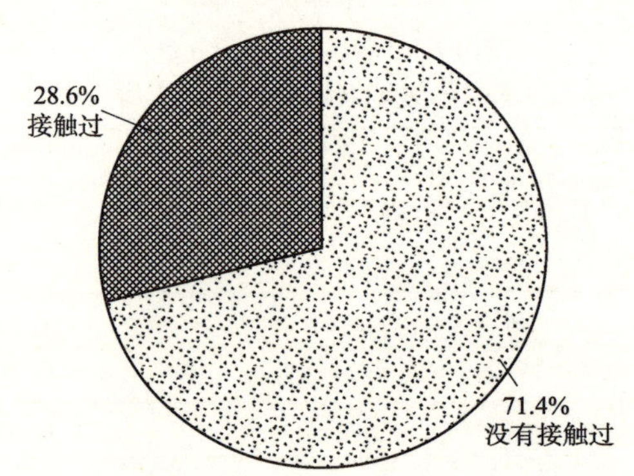

图3-9 乘客对城市轨道交通安全知识宣传接触情况

根据乘客乘坐频率不同所进行的群体分类比较看,常规乘客中接触过城市轨道交通安全知识宣传的占33.3%,略高于中度乘客与轻度乘客的接触比例。中度乘客与轻度乘客中的接触比例分别为27.6%与20.8%。见表3-2。

乘客城市轨道交通安全知识宣传接触情况及不同乘坐频率乘客比较 表3-2

城市轨道交通安全知识接触情况	不同乘坐频率乘客(%)			
	总体	常规乘客	中度乘客	轻度乘客
接触过	28.6	33.3	27.6	20.8
没有接触过	71.4	66.7	72.4	79.2

根据乘客对城市轨道交通安全的关心程度进行划分,对城市轨道交通安全关心的群体中接触过安全知识宣传的比例明显高于对城市轨道交通安全不太关心的群体,其比例分别为30.6%与9.5%。另外,对城市轨道交通安全关心程度一般的群体中接触过安全知识宣传的比例为23.0%,见表3-3。

对城市轨道交通安全关心程度不同群体对城市轨道交通安全知识宣传接触情况 表3-3

城市轨道交通安全知识接触情况	对城市轨道交通安全关心程度不同群体(%)		
	关心群体	一般群体	不关心群体
接触过	30.6	23.0	9.5
没有接触过	69.4	77.0	90.5

2)安全标识了解情况

(1)安全疏导标识。

总体来看,对安全疏导标识认为比较了解或非常了解的比例占74.1%,不太了解或完全不了解的比例占7.9%,认为一般的占18%。

从不同乘坐频率的乘客比较看,常规乘客中有八成左右认为自己对安全疏导标识比较了解或非常了解,轻度乘客与中度乘客中这一比例分别为64.1%与72.9%,见表3-4。

对安全疏导标识的了解情况及不同乘坐频率乘客群体比较 表3-4

安全疏导标识了解情况	不同乘坐频率乘客群体(%)			
	总体	常规乘客	中度乘客	轻度乘客
完全不了解	0.7	0.5	0.5	1.2
不太了解	7.2	4.5	8.8	10.8
一般	18.0	14.8	17.8	23.9
比较了解	39.6	42.9	37.9	35.1
非常了解	34.5	37.3	35.0	29.0

按城市轨道交通安全知识接触情况进行群体划分比较看,接触过安全知识宣传的乘客中有80.8%认为自己对安全疏导标识比较了解或非常了解,明显高于没有接触过城市轨道交通安全知识宣传乘客的这一比例(71.4%),见图3-10。

(2)安全警示标识。

总体来看,对安全警示标识认为比较了解或非常了解的比例占73.9%,认为不太了解或完全不了解的比例为7.4%,认为一般的占18.7%。

从不同乘坐频率的乘客比较看,常规乘客中有八成认为自己对安全警示标识比较了解或非常了解,轻度乘客与中度乘客中这一比例分别为63.4%与73.1%,见表3-5。

按城市轨道交通安全知识接触情况进行群体划分比较看,接触过安全知识宣传的乘客中有80.8%认为自己对安全警示标识比较了解或非常了解,明显高于没有接触过城市轨道交通安全知识宣传乘客的这一比例(71.2%),见图3-11。

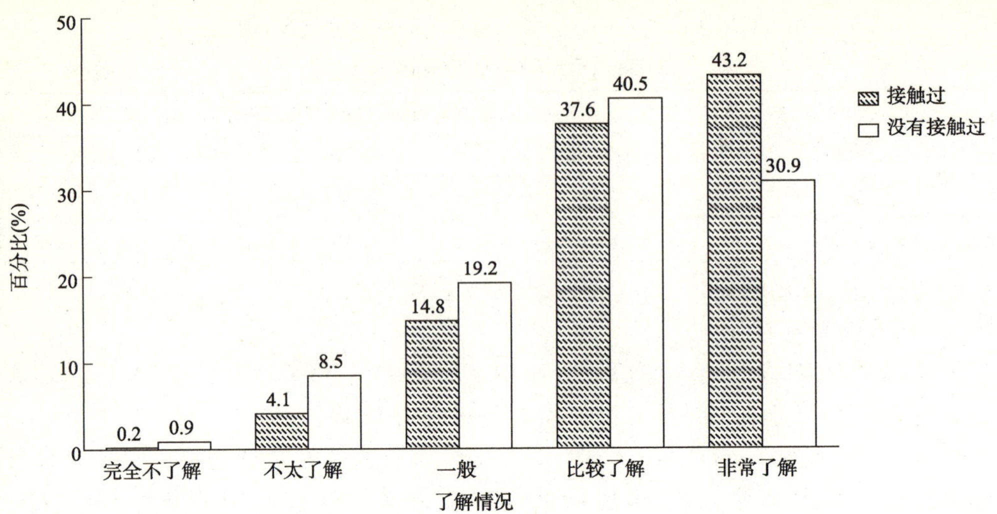

图 3-10　接触过安全知识宣传与没接触过群体对安全疏导标识了解情况

对安全警示标识的了解情况及不同乘坐频率乘客群体比较　　表 3-5

安全警示标识了解情况	不同乘坐频率乘客群体(%)			
	总体	常规乘客	中度乘客	轻度乘客
完全不了解	0.7	0.4	0.6	1.2
不太了解	6.7	3.8	8.1	10.7
一般	18.7	15.8	18.2	24.7
比较了解	39.5	42.5	37.3	35.9
非常了解	34.4	37.5	35.8	27.5

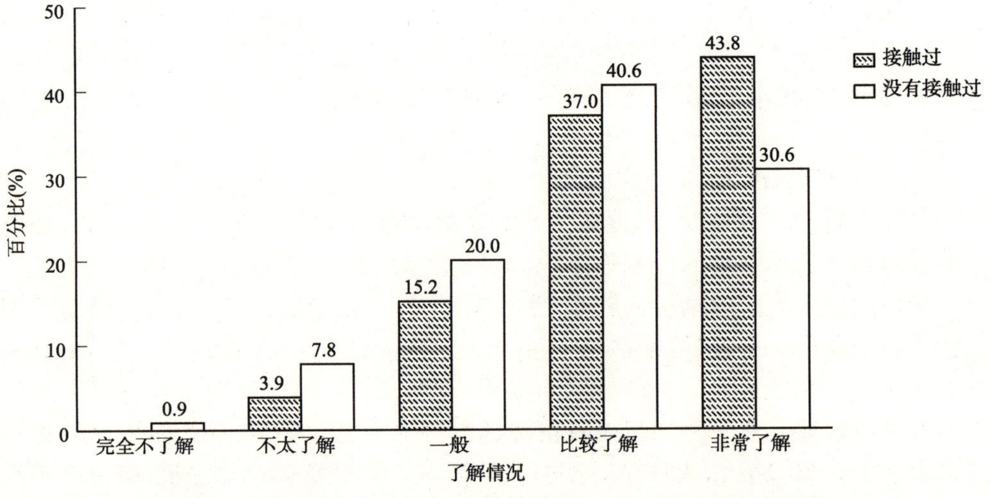

图 3-11　接触过安全知识宣传与没接触过群体对安全警示标识了解情况

(3)相关性分析

从相关性分析看,乘客对安全疏导标识与安全警示标识间的正相关系数非常高,达到0.84,说明乘客对这两方面的了解程度有较强的关联性。

3)车厢报警装置了解情况

总体来看,乘客中认为自己知道并且了解车厢报警装置具体位置的占47.6%,认为知道但不了解具体位置的占35.2%,认为不知道的占17.2%,见图3-12。

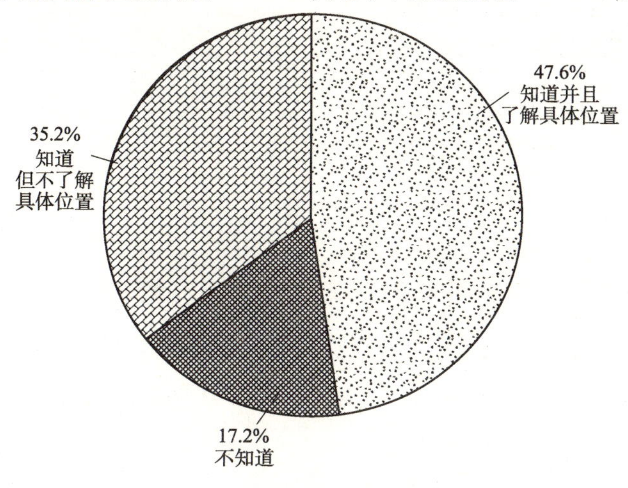

图3-12 乘客对车厢报警装置了解情况

从不同乘坐频率的乘客比较看,常规乘客中有57.6%认为自己知道并且了解车厢报警装置的具体位置,轻度乘客的这一比例仅为28.8%,中度乘客为48.5%,见表3-6。

对车厢报警装置的了解情况及不同乘坐频率乘客群体比较 表3-6

车厢报警装置的了解情况	不同乘坐频率乘客(%)			
	总体	常规乘客	中度乘客	轻度乘客
知道并且了解具体位置	47.6	57.6	48.5	28.8
知道但不了解具体位置	35.2	31.9	34.5	41.6
不知道	17.2	10.5	17.0	29.6

按城市轨道交通安全知识宣传接触情况进行群体划分比较看,接触过安全知识宣传的乘客中有62%认为自己知道并且了解车厢报警装置的具体位置,明显高于没有接触过宣传乘客的这一比例,其比例为41.9%,见表3-7。

根据乘客对城市轨道交通安全的关心程度进行划分,对城市轨道交通安全关心群体中知道并且了解车厢报警装置具体位置的占51.8%,明显高于对城市轨道交通安全不太关心群体的28.6%。该群体中表示知道但不了解具体位置的比例为33.5%,认为不知道的占14.7%。而对城市轨道交通安全不太关心的群体中认为不知道具体位置的高达41.7%,见表3-8。

城市轨道交通安全宣传接触与没接触群体对车厢报警装置了解情况比较 表 3-7

车厢报警装置的了解情况	城市轨道交通安全知识宣传(%)	
	接触过	没有接触过
知道并且了解具体位置	62.0	41.9
知道但不了解具体位置	28.9	37.5
不知道	9.1	20.6

对城市轨道交通安全关心不同程度群体对车厢报警装置了解情况比较 表 3-8

车厢报警装置的了解情况	对城市轨道交通安全关心程度不同群体(%)		
	关心群体	一般群体	不关心群体
知道并且了解具体位置	51.8	35.4	28.6
知道但不了解具体位置	33.5	41.3	29.7
不知道	14.7	23.3	41.7

4)城市轨道交通安全知识主要认知途径

对城市轨道交通安全知识认知途径主要有城市轨道交通站内及车内的宣传广告,比例为49.6%;其次是电视,比例为29.5%;第三是城市轨道交通相关的宣传读物,比例为26.9%以及报纸杂志(26.2%)。而城市轨道交通站内及车内的广播排在第五位,工作人员的疏导、提醒排在第六位,见图3-13。

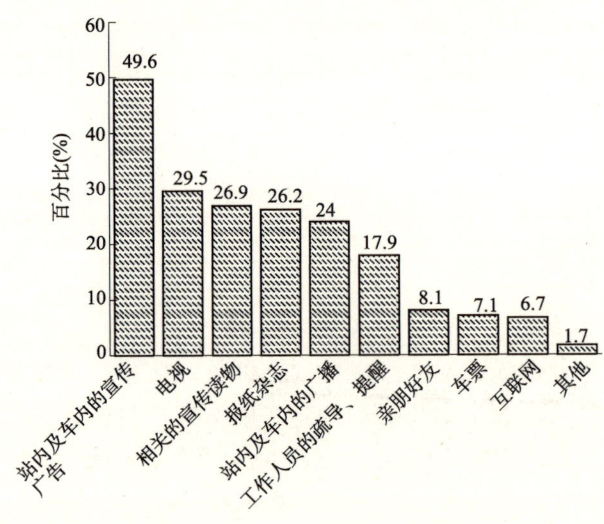

图3-13 乘客对城市轨道交通安全知识认知主要途径

根据乘客不同的教育程度进行比较看,学历较高的大专及以上群体对于来自城市轨道交通站内及车内的宣传广告的认知比例(52.2%),明显高于初中及以下这一比例(43.1%)。而初中及以下群体通过电视、城市轨道交通站内及车内的广播、城市轨道交通工作人员的疏导/提醒、亲朋好友获得城市轨道交通安全知识的比例明显高于大专及以上群体,见表3-9。

不同教育程度乘客群体获得城市轨道交通安全知识途径比较 表3-9

城市轨道交通安全知识认知途径	教育程度(%)		
	初中及以下	高中/中专/技校/职高	大专及以上
城市轨道交通站内及车内的宣传广告	43.1	46.2	52.2
电视	36.1	29.9	28.4
相关的宣传读物	29.2	29.3	25.3
报纸杂志	22.2	29.9	24.6
城市轨道交通站内及车内的广播	36.1	23.9	22.6
城市轨道交通工作人员的疏导、提醒	27.8	18.7	16.2
亲朋好友	13.9	10.3	6.3
城市轨道交通车票	2.8	9.7	6.3
互联网	2.8	4.5	8.4
其他	0	1.5	2.0

乘客容易接受的途径分别为城市轨道交通站内及车内的宣传广告、电视、城市轨道交通站内及车内的广播、报纸杂志以及相关的宣传读物。从与对城市轨道交通安全认知途径比较看,除站内及车内广播的接受程度由认知途径中的第五位上升到第三位,其余的排序基本没有变化,见图3-14。

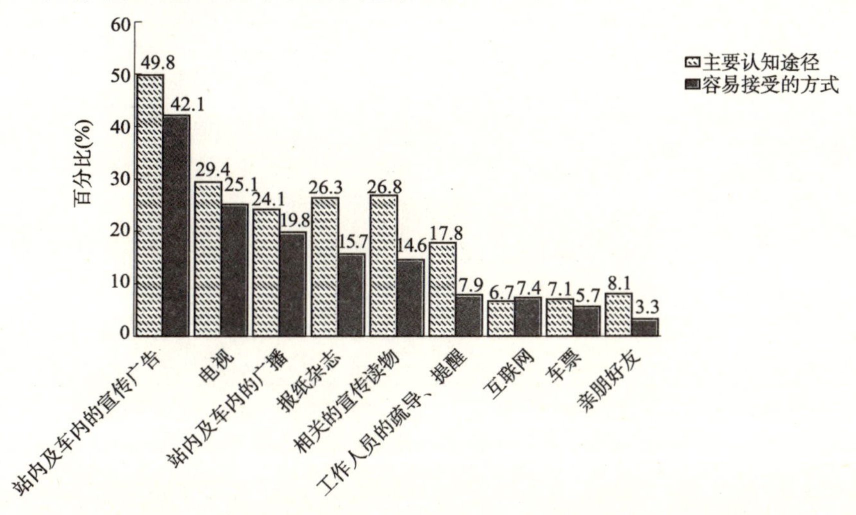

图3-14 乘客城市轨道交通安全知识认知途径与容易接受途径比较

3.2.4 乘客安全意识分析

1）对城市轨道交通安全的关心程度

乘客对城市轨道交通安全表示非常关心的占37.1%，比较关心的占38.7%，两者之和为75.8%，只有2.3%认为很少关心（2.0%）或完全不关心（0.3%），另有21.8%认为关心程度一般，见图3-15。

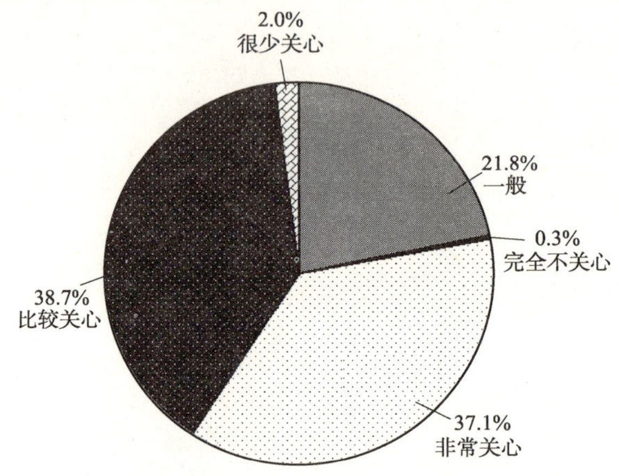

图3-15 乘客对城市轨道交通安全关心程度

从不同乘坐频率的乘客比较看，常规乘客中有44.2%对城市轨道交通安全表示非常关心，明显高于轻度乘客的28.3%以及中度乘客的32.7%，只有0.9%认为很少关心（0.8%）或完全不关心（0.1%），而轻度与中度乘客这一比例分别为2.7%与4.6%。见表3-10。

不同乘坐频率的乘客对城市轨道交通安全关心程度比较 表3-10

百分比（%） 对城市轨道交通安全关心程度	不同乘坐频率乘客（%）		
	常规乘客	中度乘客	轻度乘客
非常关心	44.2	32.7	28.3
比较关心	39.1	39.7	36.9
一般	15.8	24.9	30.2
比较不关心/很少关心	0.8	2.1	4.1
完全不关心	0.1	0.6	0.5

2）对安全出口的关注情况

乘客对城市轨道交通安全出口表示非常关注的占33.7%，比较关注的占37.2%，两者之和为70.9%，只有7.5%表示不太关注，0.4%表示非常不关注，另有21.1%认为关注程度一般，见图3-16。

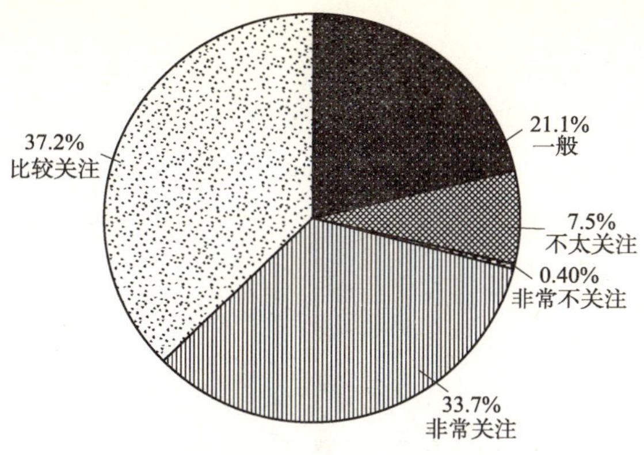

图 3-16 乘客对城市轨道交通安全出口的关注程度

根据对城市轨道交通安全关心程度不同群体的比较看，在对城市轨道交通安全关心群体中表示对城市轨道交通安全出口非常关注的占 39.4%，比较关注的占 39.4%，明显高于对城市轨道交通安全不太关心群体以及一般群体；另外，在对城市轨道交通安全不关心群体中表示不太关注安全出口的占 25%，非常不关注的占 10.7%，两者之和达到 35.7%，见表 3-11。

对城市轨道交通安全关心程度不同群体对安全出口的关注比较 表 3-11

百分比（%） 对安全出口关注程度	对城市轨道交通安全关心程度不同群体		
	关心群体	一般群体	不关心群体
非常不关注	0.2	0	10.7
不太关注	6.6	9.1	25.0
一般	14.4	43.8	23.9
比较关注	39.4	31.4	21.4
非常关注	39.4	15.7	19.0

按城市轨道交通安全知识宣传的接触情况进行群体划分比较看，接触过安全知识宣传的乘客中有 47% 表示非常关注城市轨道交通安全出口，明显高于没有接触过安全知识宣传乘客中的这一比例，其比例仅为 28.3%，见图 3-17。

3）对消防设施位置的关注情况

乘客对消防设施位置表示非常关注的占 26.5%，比较关注的占 35.5%，两者之和为 62%，只有 12% 表示不太关注，0.4% 表示非常不关注，另有 25.6% 认为关注程度一般，见图 3-18。

根据对城市轨道交通安全关心程度不同群体的比较看，在对城市轨道交通安全关心群体中表示对消防设施位置非常关注的占 31.6%，比较关注的占 37.8%，明显高于不太关心群体以及一般群体；另外，在不关心群体中表示不太关注的占 36.1%，非常不关注的占 9.6%，两者之和达到 45.7%，见表 3-12。

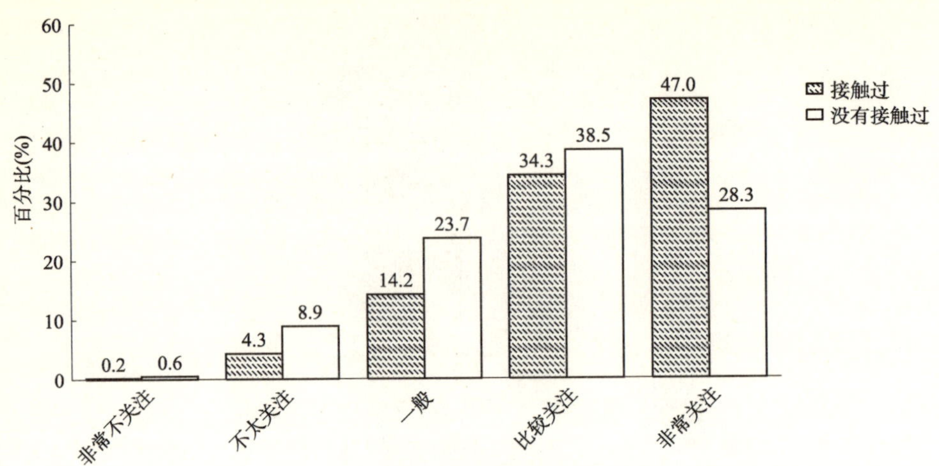

图 3-17　接触过安全知识宣传与没接触过群体对安全出口的关注比较

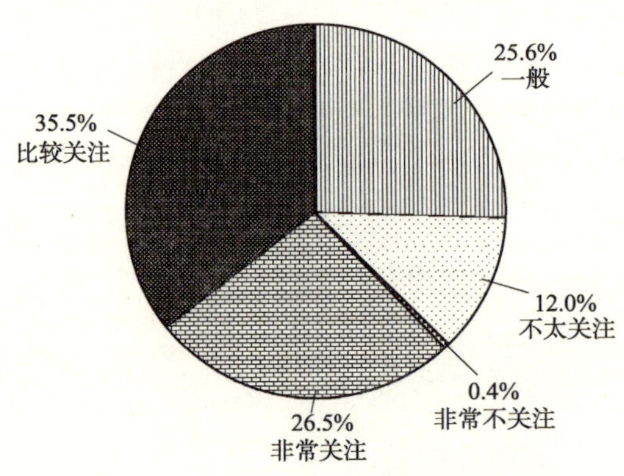

图 3-18　乘客对消防设施位置的关注程度

对城市轨道交通安全关心程度不同群体对消防设施位置的关注比较　表 3-12

百分比(%) / 对消防设施位置的关注程度	对城市轨道交通安全关心程度不同群体		
	关心群体	一般群体	不关心群体
非常不关注	0.2	0.6	9.6
不太关注	10.4	14.7	36.1
一般	20.0	45.3	20.6
比较关注	37.8	28.7	22.9
非常关注	31.6	10.7	10.8

按城市轨道交通安全知识宣传接触情况进行的群体划分比较看，接触过安全知识宣传的乘客中有 37.9% 表示非常关注消防设施位置，明显高于没有接触过安全知识宣传乘客中的这一比例，其比例仅为 22.0%，见图 3-19。

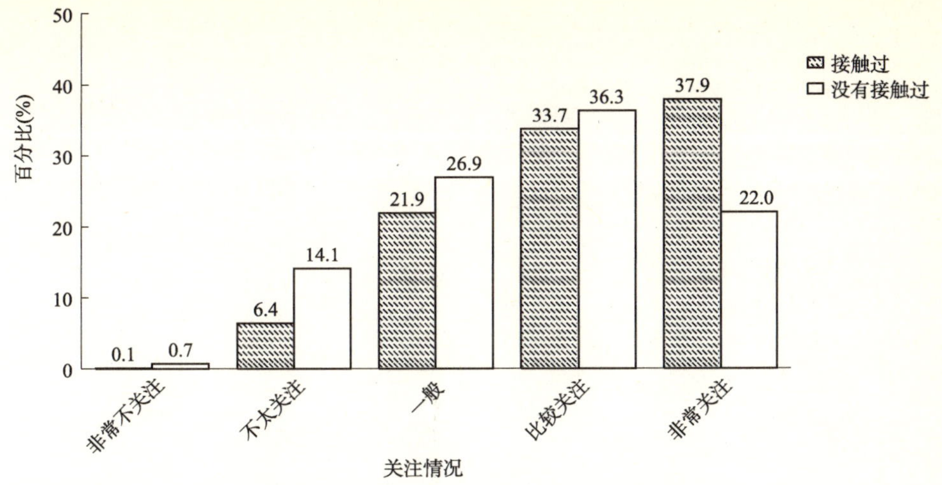

图 3-19 接触过安全知识宣传与没接触过群体对消防设施位置的关注比较

4)对安全标志的关注情况

乘客对安全标志表示非常关注的占 29.9%，比较关注的占 38.0%，两者之和为 67.9%，只有 8.6% 表示不太关注，0.2% 表示非常不关注，另有 23.3% 表示关注程度一般，见图 3-20。

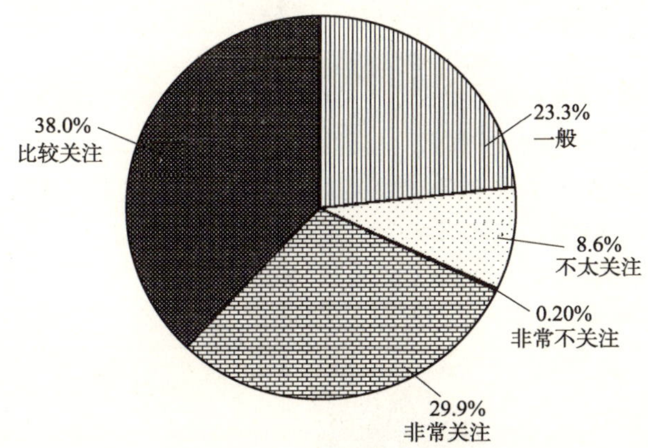

图 3-20 乘客对安全标志的关注程度

根据对城市轨道交通安全关心不同程度群体的比较看，在对安全关心的群体中表示对安全标志非常关注的占 34.6%，比较关注的占 40.9%，明显高于不太关心群体以及一般群体；另外，在不关心群体中表示不太关注的占 37.3%，非常不关注的占 1.2%，见表 3-13。

按对城市轨道交通安全知识宣传的接触情况进行群体划分比较看，接触过安全知识宣传的乘客中有 41.2% 表示非常关注安全标志，明显高于没有接触过安全知识宣传乘客的这一比例，其比例仅为 25.3%，见图 3-21。

对城市轨道交通安全关心程度不同群体对安全标志的关注比较　　表 3-13

对安全标志关注程度	对城市轨道交通安全关心程度不同群体(%)		
	关心群体	一般群体	不关心群体
非常不关注	0.2	0	1.2
不太关注	7.1	11.3	37.3
一般	17.2	43.5	28.9
比较关注	40.9	29.4	21.8
非常关注	34.6	15.8	10.8

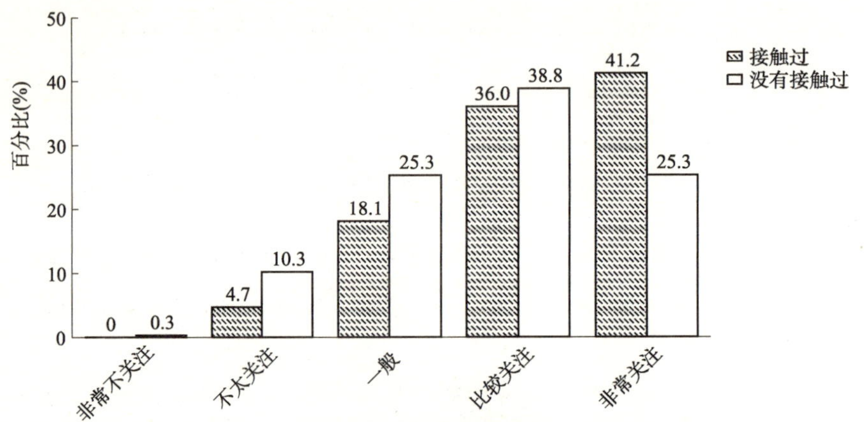

图 3-21　接触过安全知识宣传与没接触过群体对安全标志的关注比较

5)对安全知识宣传的认同程度

总体来看,乘客对“加强城市轨道交通安全知识宣传”表示非常认同的占 42.7%,比较认同的占 38.2%,两者之和为 80.9%,只有 1.5% 表示比较不认同或不太认同,另有 17.5% 其认同度一般,见图 3-22。

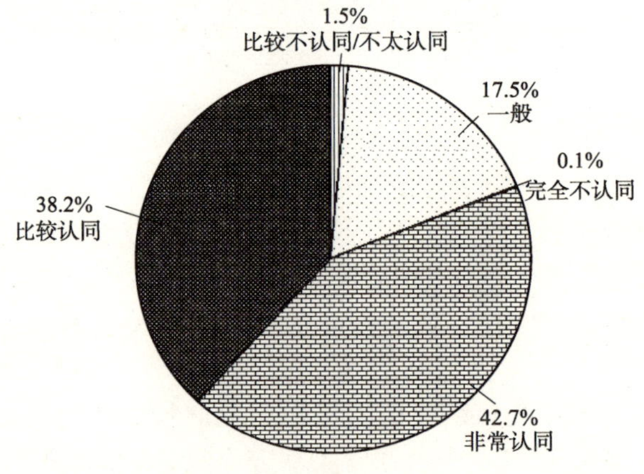

图 3-22　乘客对城市轨道交通安全知识宣传认同程度

从不同乘坐频率的乘客比较看，常规乘客中有45.8%对“加强城市轨道交通安全知识宣传”表示非常认同，比较认同的占36.9%，两者之和为82.7%，明显高于轻度乘客以及中度乘客的认同度，见表3-14。

不同乘坐频率乘客群体对“加强城市轨道交通安全知识宣传”的认同比较 表3-14

对城市轨道交通安全知识宣传认同程度	不同乘坐频率乘客(%)		
	常规乘客	中度乘客	轻度乘客
完全不认同	0.1	0.1	0.2
比较不认同/不太认同	0.9	1.8	1.9
一般	16.3	16.0	21.2
比较认同	36.9	40.1	38.8
非常认同	45.8	42.0	37.9

接触过安全知识宣传的乘客对“加强城市轨道交通安全知识宣传”表示非常认同或比较认同的比例比没有接触过安全知识宣传的群体相对更高，见表3-15。

接触安全知识宣传与没接触群体对“加强城市轨道交通安全知识宣传”的认同比较 表3-15

对城市轨道交通安全知识宣传认同程度	安全知识宣传(%)	
	接触过	没有接触过
完全不认同	0.2	0.1
比较不认同/不太认同	1.1	1.5
一般	15.1	18.4
比较认同	36.3	39.0
非常认同	47.3	41.0

根据对城市轨道交通安全关心程度不同群体的比较看，在关心安全的群体中表示非常认同的占49.1%，比较认同的占38.6%，明显高于不太关心群体以及一般群体，见表3-16。

对城市轨道交通安全关心程度不同群体对“加强城市轨道交通安全知识宣传”的认同比较 表3-16

对城市轨道交通安全知识宣传认同程度	对城市轨道交通安全关心程度不同群体(%)		
	关心群体	一般群体	不关心群体
完全不认同	0.1	0.1	0.1
比较不认同/不太认同	0.9	2.0	9.6
一般	11.3	37.4	32.5
比较认同	38.6	38.7	21.7
非常认同	49.1	21.8	36.1

6)城市轨道交通广播收听情况

对于城市轨道交通中的广播，90.1%的乘客表示会听，只有7.8%表示不会听，另有2.1%表示不知道有城市轨道交通广播。见图3-23。

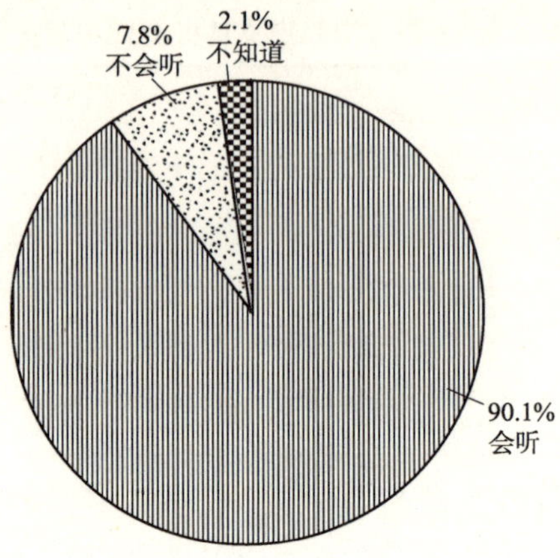

图3-23 乘客对城市轨道交通广播收听情况

7)相关性分析

从相关性分析看，城市轨道交通安全关心程度与安全知识宣传认同度相关性比较高，说明越是关注城市轨道交通安全的相对越认同安全知识宣传。

城市轨道交通安全出口、消防设施位置、安全标志关注程度三者之间的正相关系数非常高，均在0.7以上，说明乘客对这方面的关注程度比较一致，见表3-17。

城市轨道交通安全意识各方面之间的相关系数 表3-17

项目 \ 相关系数 \ 项目	城市轨道交通安全关心程度	城市轨道交通安全出口	消防设施位置	安全标志	安全知识宣传认同度
城市轨道交通安全关心程度	1.00	0.32	0.31	0.31	0.37
城市轨道交通安全出口	0.32	1.00	0.70	0.71	0.19
消防设施位置	0.31	0.70	1.00	0.77	0.23
安全标志	0.31	0.71	0.77	1.00	0.24
安全知识宣传认同度	0.37	0.19	0.23	0.24	1.00

3.2.5 乘客突发事件处理情况分析

1)突发事件处理

对于城市轨道交通中的突发事件，乘客中表示会“冷静观望，听从指挥”的占77.4%，表示“自己想办法逃生或寻求帮助”的占18.4%，表示会“慌乱，不知所措”的仅占2.5%。

接触过城市轨道交通安全知识宣传的乘客相比没有接触过的乘客，在突发事件的处理上更加冷静,其中表示会"冷静观望,听从指挥"的比例高于没有接触过城市轨道交通安全知识宣传的乘客,见表 3-18。

接触过安全知识宣传与没接触过群体对突发事件处理比较 表 3-18

百分比(%) 对突发事件处理情况	安全知识宣传		
	总体	接触过	没有接触过
冷静观望,听从指挥	77.4	81.1	76.0
慌乱,不知所措	2.5	1.6	2.9
自己想办法逃生或寻求帮助	18.4	15.7	19.4
其他	1.7	1.6	1.7

2)突发事件有效处理方法。

对于城市轨道交通内发生突发事件时最有效的处理方法,78.1% 的受访乘客认为是"冷静观望,听从指挥";11.5% 表示是"自己想办法逃生";8.7% 认为是"寻求帮助",见图 3-24。

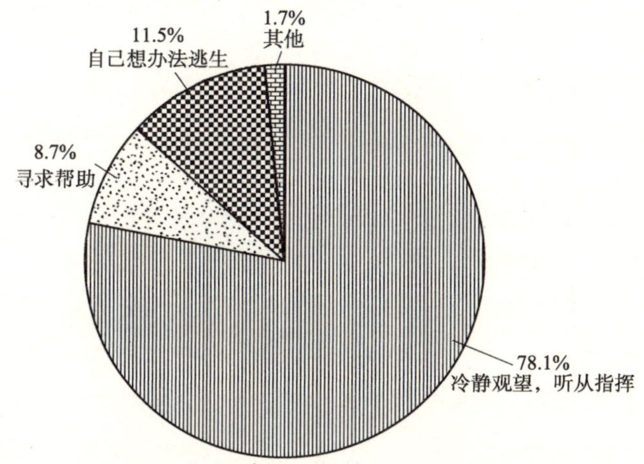

图 3-24 乘客认为城市轨道交通内突发事件的有效处理方法

3)城市轨道交通人多时的处理方式

当进入城市轨道交通站厅内,发现城市轨道交通内乘客很多,密度很大,有约 50% 的乘客表示"无所谓,继续购票乘车",36.9% 表示"在站厅内等待,人少时再购票乘车",只有 13.3% 表示会"离开城市轨道交通站厅,换乘其他交通工具"。

分性别看,男性乘客中表示"无所谓,继续购票乘车"的比例略高于女性,见图 3-25。

分年龄比较看,年龄较大与年龄较小的乘客选择"在站厅内等待,人少时再购票乘车"的比例明显高于中青年乘客。其中 51 岁以上乘客中选择"离开城市轨道交通站厅,换乘其他交通工具"的比例占 19% 左右,见图 3-26。

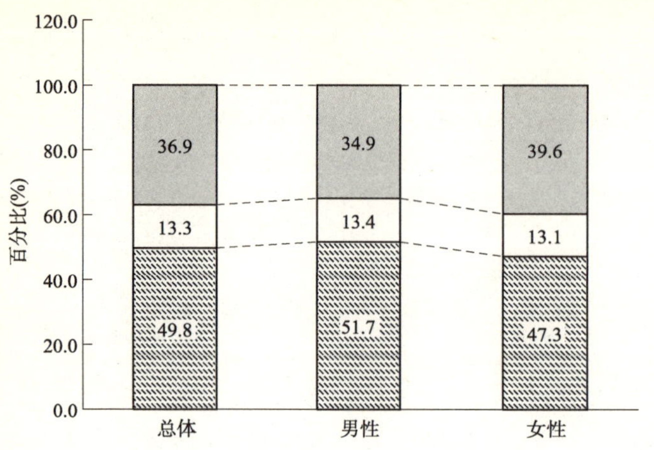

图 3-25　乘客对城市轨道交通人多时的处理方式

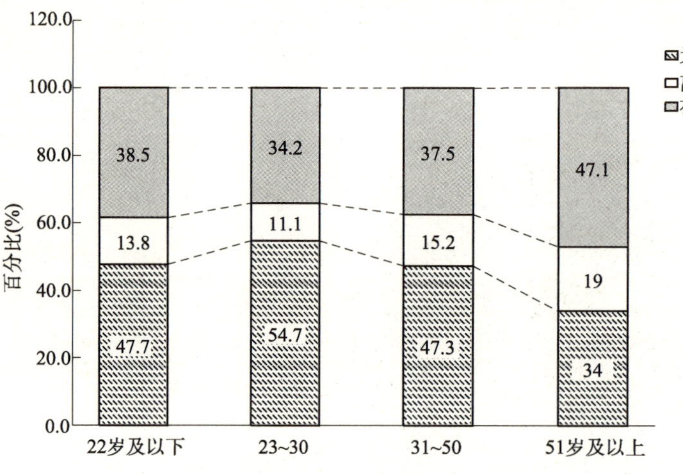

图 3-26　不同年龄乘客对城市轨道交通人多时的处理方式

第4章 地铁火灾模拟

4.1 地铁火灾的特点

4.1.1 地铁火灾的基本情况

1)地铁火灾损失严重的原因

地铁一旦发生火灾,损失往往十分严重。究其原因,主要有以下几点:

(1)地铁里面客流量大,人员集中,而且地铁烟气的排出口亦是人员的逃生口,一旦发生火灾,极易造成群死群伤。

(2)地铁列车的车座、顶棚及其他装饰材料大多可燃,容易造成火势蔓延扩大,有些塑料、橡胶等新型材料燃烧时还会产生毒性气体,加上地下供氧不足,燃烧不完全,烟雾浓,发烟量大。

(3)地铁的出入口少,大量烟雾只能从一两个洞口向外涌,与地面空气对流速度慢,燃烧产生的热量会加热地铁内烟气,使其膨胀,加快烟气流动速度,地铁发生火灾时,烟气的锋流速约为1.75~2.40m/s,同时形成高温气浪,使人员逃生更加困难。

(4)由于地铁隧道空间的相对封闭性,热烟气流积聚,极易产生“轰燃”。据测试表明:一般“轰燃”的时间为起火后5~7min。1987年伦敦地铁火灾中,起火6min后发生了“轰燃”。

(5)地铁内空间过大,有的火灾报警和自动喷淋等消防设施配置不完善,起火后地下电源可能会被自动切断,通风空调系统失效,失去了通风排烟作用,大量有毒烟雾、黑暗给疏散和救援工作造成困难。

(6)地铁火灾演化及烟气运动过程受通风模式的影响显著,切实有效的防排烟系统能够在火灾发生后减少财产损失,保障人员生命安全。

2)地铁可燃物分布状况分析

地铁系统主要由地铁车辆、地铁站台和地铁隧道组成。下面分别对其可燃物的分布状况进行分析。

(1)地铁车辆。地铁车辆内的可燃物主要为内部装饰材料,包括侧墙、地板、顶板、椅垫、坐垫、椅套等。在经历了多次地铁火灾的教训后,地铁车辆内部装饰材料的防火性能越来越受到重视。在新式车辆中已经不再使用木制板材,代之以高阻燃性能的玻璃钢、铝合金等材料,椅垫大多采用玻璃钢制成,坐垫、椅套等都也都进行了阻燃处理。

车辆内还有由乘客携带上车的可燃物,包括乘客违反乘车规定携带上车的易燃、易爆物品,以及乘客随身携带的纸制品、塑料制品、化纤制品等。

(2)地铁站台。地铁站台主体结构为钢筋混凝土,其楼梯、立柱、吊顶、地板等都是不燃性材料,其可燃物主要集中在以下几个区域:

①站台内的书报亭、小商铺等。这类区域内可燃物主要为纸制品和塑料制品。

②站台内的垃圾桶。垃圾桶内堆积了乘客丢弃的各种废弃物,其中大多是可以燃烧的。

③站台内其他电气设备、电线电缆都有可能产生火灾。

(3)地铁隧道。在重视了隧道内电缆的防火性能后,隧道内的可燃物非常少。

4.1.2 地铁火灾发展过程分析

1)火灾荷载的确定

火灾荷载是指涉火空间内所有可燃物燃烧所产生的总热量值。建筑空间内,火灾荷载越大,发生火灾的危险性越大,需要防火的措施越多。地铁火灾荷载的确定需要考虑两个方面:一是固定荷载,考虑地铁车厢本身的可燃物,主要包括列车车体的地板、窗体、墙壁及天花板材料,座椅及装饰材料;二是移动荷载,考虑旅客携带的行李物品。

(1)固定火灾荷载。由于地铁站台、票厅等内部装修都已普遍采用难燃或不燃的材料,因此固定火灾荷载相对较少。

(2)可移动火灾荷载。在地铁系统内,票厅工作场所和设备用房内人员流动较少,存在的可燃物主要属于可移动火灾荷载。依据澳大利亚消防工程导则(Fire Engineering Guidelines)的推荐值,办公用房和设备用房的火灾荷载密度分别为420MJ/m^2和400MJ/m^2。

(3)临时火灾荷载。除了地铁乘客携带的行李或人为纵火带来的燃料,在地铁系统中,相对于固定的参考位置而言,可以认为地铁列车也是一种流动的临时火灾荷载。

①考虑地铁乘客可随身携带的小型行李手提箱。手提箱材料为塑料,内装有若干衣物、纸张和化妆品等物品总共约 10kg,占用面积约为 0.25m²。根据热值统计计算得到火灾荷载约为 700MJ/m²。

②考虑人为纵火带来的可燃物。由于地铁中将有大量工作人员进行日常管理和维护秩序,纵火犯将大量易燃液体带入地铁站的可能性较低,此处仅对少量易燃液体产生的火灾规模进行估计。美国标准技术研究院(NIST)对利用液体燃料泼洒到地面进行纵火进行过一系列实验研究。当采用汽油为燃料时,携带量为体积 3000mL(考虑随身携带的可能性),以倾倒高度为 0.5m 倾倒,计算得到燃料泼洒面积为 2.37m²。汽油的密度为 0.7×10^3kg/m³,热值为 43.7MJ/kg,计算得到人为纵火带来的火灾荷载为 41MJ/m²。

③考虑地铁列车带来的可燃物。真实列车车厢本身的可燃物,主要包括列车车体的地板、窗体、墙壁及天花板材料、座椅及装饰材料,进行全尺寸实验困难,而且地铁内的人员流动非常大,难以统计所有可燃物的荷载分布,世界各国对于地铁火灾荷载的确定没有明确表述,并无可供参考的数值。

2)火灾发展过程

要准确地表征可燃物带来的火灾危险性,还需要研究可燃物从着火到达到最大热释放速率的变化过程,也就是火灾的发展过程。

热释放速率是决定火灾发展及其危害的主要参数,是采取消防对策的基本依据。从大量火灾的实验研究结果来看,可以用 t^2 模型来描述火灾过程的热释放速率随时间的变化。

t^2 模型指出热释放速率可以用下式描述:

$$Q_{\mathrm{f}} = \alpha\,(t - t_0)^2 \tag{4-1}$$

其中,Q_{f} 为火源的热释放速率(kW);α 为火灾增长速率(kW/s²);t 为时间(s);t_0 为火灾初期的准备时间(s)。

一般忽略火灾初期的准备时间 t_0,此时热释放速率随时间的变化表达式即简化为:

$$Q_{\mathrm{f}} = \alpha t^2 \tag{4-2}$$

对于空间不太大的室内火灾,根据火灾荷载,利用下面的公式可以得到火灾发展速率的值。火灾发展速率 α 表征火灾发展的快慢,应综合考虑可燃物(α_{f})、墙及吊顶(α_m)的作用。

$$\alpha = \alpha_{\mathrm{f}} + \alpha_m \tag{4-3}$$

$$\alpha_{\mathrm{f}} = 2.6\times10^{-6} q^{5/3} \tag{4-4}$$

其中,q 为不同场所的火灾荷载密度(MJ/m²);α_m 由墙面内装修材料的可燃等级来确定,根据 α_m 与装修材料的可燃等级关系,可确定各功能区的 α_m 值。α_m 与装修材料可燃等级的关系如表 4-1 所示。

α_m 与建筑物装修材料可燃等级 表 4-1

墙面装修材料可燃等级	α_m(kW/s^2)	墙面装修材料可燃等级	α_m(kW/s^2)
不燃性材料	0.0035	缓慢燃烧材料	0.056
难燃性材料	0.014	木材或类似材料	0.35

认为地铁车站的票厅和设备用房装修采用的是难燃性材料，那么利用前面确定的这两个场所的火灾荷载值可以计算得出这两个场所的火灾发展速率分别为 0.0752kW/s^{2}和 0.0705kW/s^2。

对于大空间的局部火灾，墙壁及吊顶对燃烧的影响很小，可以根据 NFPA（美国消防协会英文缩写）的分类方法，将火灾的发展分为超快、快速、中速和缓慢 4 种类型。表 4-2 给出了不同火灾发展级别的火灾发展速率，以及与典型可燃材料的对应关系。图 4-1 给出了不同发展级别的火灾热释放速率与时间的关系曲线。

不同火灾发展级别的 α 参考值 表 4-2

火灾发展分级	典型可燃材料	α(kW/s^2)
慢速火	粗木条、厚木板制成的家具	0.0029
中速火	无棉制品聚酯床垫	0.01127
快速火	塑料泡沫 堆积的木板 装满邮件的邮袋	0.04689
超快火	油池火、轻质窗帘、快速燃烧的软垫座椅	0.1876

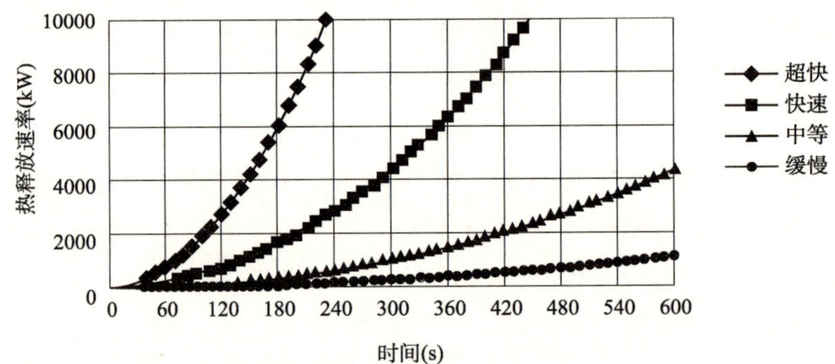

图 4-1 热释放速率的 t^2模型描述

根据可燃物的类别，可以设定发生在站台内的行李火灾为快速火，火灾增长速率为 0.04689kW/s^2；人为纵火引起的汽油燃烧为超快速火，火灾增长速率为 0.1876kW/s^2。

3）火灾热释放速率峰值

在工程应用中，认为火灾初期热释放速率将会按照 t^2模型增长，到了一定时间后，热释放速率将达到峰值并保持相对稳定的状态。这个峰值反映了火灾所能达到强度的大小。

台湾学者杨冠雄在考察台湾地铁车站火灾发生后车站内部设备及实际进出站人员携带行李等可燃物，并参考英国建筑研究院（Building Research Establish）的研究报告与美国标准技术研究院（NIST）实际测量结果，选取火灾规模为2MW。香港的工程技术人员选用的保守火灾规模为2MW。国内部分研究人员也认为列车旅客的行李着火时最大热释放速率不超过2MW。

美国标准技术研究院（NIST）对利用液体燃料泼洒到地面进行纵火进行过一系列试验研究。研究表明，泼洒到不可渗透地面的液体燃料，其最大热释放速率等于相同面积油盘火热释放速率的1/4～1/8。根据计算，从保守的角度考虑，也可以设2MW为人为纵火导致的汽油火热释放速率。

对于地铁列车火灾的热释放速率全尺寸实验或理论研究也已有开展，但由于不同国家、不同型号的列车可燃物种类差别较大，得到的结果也不尽相同。如美国的Miclea和Mckinney、英国的Rhodes、加拿大的Slusarczyk、Sinclair和Bliemel等学者均对一系列不同结构的地铁系统在10MW下的火灾工况进行了相应的研究。香港周允基教授整理实验数据后研究得出地铁车辆火灾在燃烧稳定的阶段，热释放速率变化范围在8～13MW。西南交通大学冯炼在模拟计算中采用的列车火灾热释放速率峰值为13.6MW。

中国矿业大学程远平教授由地铁车厢实验测定参数，运用氧消耗原理计算得到的地铁车厢火灾热释放速率的计算结果如图4-2所示。从图4-2可以看出，1节车厢火灾的最大热释放速率为23.8MW，而3节车厢火灾的最大热释放速率为50.9MW。为了比较地铁列车火灾发展的快慢，图4-2中还给出了火灾模型中快速和超快速火灾发展的热释放速率曲线，从该图可以看出地铁列车火灾的发展速度接近火灾模型中的超快速火灾。

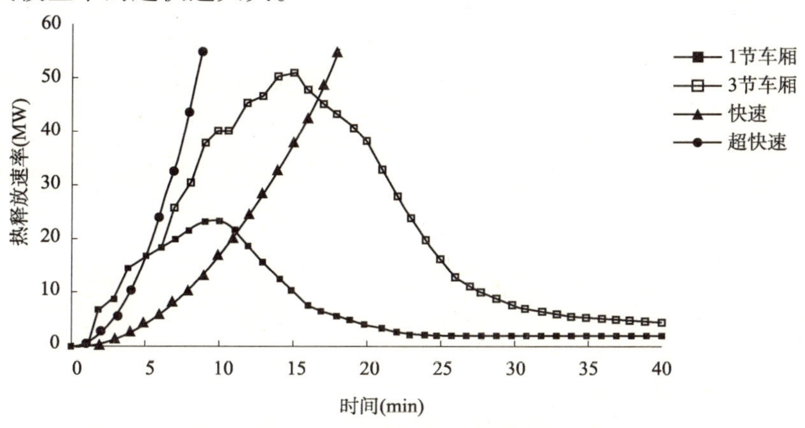

图4-2　地铁列车车厢火灾热释放速率随时间的变化

根据我国相关的轨道交通工程安全预评价报告，地铁列车车厢发生火灾后的热释放速率峰值一般可取为6.8MW，并设火灾热释放速率增长为快速增长 t^2 模型，则火灾将在380s时达到峰值。清华大学陈涛等研究人员按照最不利原则，取该场景下的火灾热释放速率为标准场景的1.5倍，并设定火灾为超快速增长火，则对应的热释放速率峰值为10.2MW，火灾达到峰值的时间为233s。

广州市地下铁道设计研究院的王迪军认为，对于旧式车厢，由于其内部结构和座椅是用可燃材料做成的，其最大热释放速率可达15MW，甚至更大。同时随着地铁列车制造工艺不断提高，可燃材料的使用已大幅降低列车火灾燃烧发热量也在不断下降，香港新机场线的列车已降低至5MW。对于国内新投入运行的地铁车辆，其结构由不燃或阻燃材料组成，车辆着火时热释放速率取7.5MW。

美国 Deleuw Cather Ltd 还在总结多次地铁列车各个部件的火灾燃烧性能测试数据的基础上，以典型地铁车辆易燃物清单为基础分别列出名称、材质、质量、单位热释放速率及总热释放速率，并通过叠加各部分的热释放速率来估算整节列车的热释放速率。将地铁列车分为三部分：即车辆地板以上部分材料、地板材料以及车辆地板以下部分材料，其火灾荷载数据见表4-3。

地铁列车材料火灾荷载数据 表4-3

部 位	名 称	材 料	质量(kg)	单位热释放速率(kW/kg)	总热释放速率(kW)
车辆地板以上部分	座位	浇铸件	—	—	1563.1
	地板表面层	橡皮	—	—	937.6
	隔声板	穿孔纤维板	90.9	2.6	236.3
	车辆	胶合板	90.9	5.1	463.6
	车窗	双层安全玻璃	90.9	7.2	654.5
	窗框密封衬垫	橡皮	—	241.7	241.7
	风帽	玻璃钢	69.0	7.2	496.8
		纸衬板	2.4	5.0	12.0
	灯罩	—	—	—	190.7
	电线	—	8.18	7.2	58.9
地板	地板	不锈钢板19mm厚胶合板	—	—	1888.4
车辆地板以下部分	电池组	负荷碳酸盐	9.1	7.2	65.5
	润滑油	—	—	—	51.6
	罩盖	玻璃钢	68.2	7.2	491.0
	电线	—	454.5	7.2	3272.4

根据表 4-3 的结果将上述三部分的总热释放速率累加，可以得出一辆车的总热释放速率为 10624kW。

4.1.3 地铁火灾的典型场景设计

火灾场景一般是把危害后果最大的典型情况作为火灾场景的集合，集成抽象出来具有典型特征的特定火灾。火灾场景设计是开展地铁火灾模拟研究的基础，只有合理设计了火灾场景，才能科学预测地铁内的烟气运动、合理规划人员疏散。根据火灾发展过程的定量分析，可以对地铁系统火灾危险分析中设计如下典型火灾场景。

（1）地铁列车着火，并停靠在地铁车站。此时着火位置在地铁轨道（侧式站台，轨道在中央；岛式站台，轨道在两侧）。结合对地铁列车火灾的研究成果可以取火灾热释放速率峰值为 10MW 的超快速火。起火位置分别为列车中部和列车尾部，如图 4-3 a）、b）所示。

a)列车中部着火

b)列车尾部着火

图 4-3 地铁列车火灾场景示意图

（2）站台人为纵火。设计该场景为热释放速率峰值 2MW 的超快速火，考虑两种不同的起火位置：

①在站台的中部，如图 4-4 a）所示，此时发生火灾会卷吸大量空气，产生较多的烟气；

②靠近疏散出口位置，如图 4-4 b）所示，考虑发生火灾时该出口被封堵的场景。

a)列车中部着火

b)列车尾部着火

图 4-4 站台纵火火灾场景示意图

4.2 地铁火灾的区域模拟方法

4.2.1 火灾的区域模拟及其在地铁中的适用性分析

区域模拟是烟气运动工程分析中经常采用的一种方法。基于室内封闭空间火灾中的烟气分层现象，传统的双层区域模拟思想把火灾空间划分为上部的热烟气层和下部的冷空气层，并认为各层的热参数分布均匀一致，如图 4-5 所示。传统的双层区域模拟方法在对常规尺寸房间内火灾烟气层高度和温度发展方面取得较好的效果。

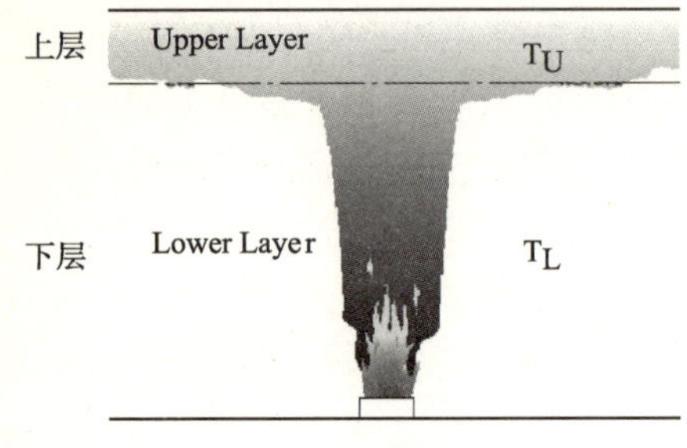

图 4-5 火灾的区域模拟

但是，这种双层区域模拟的方法对于地铁车站及区间这类狭长空间的适用性还需要进一步的讨论。着火区域内烟气分层与否，与空间内烟气层和空气层的 Froude 数有关，在小的 Froude 数状态下，烟气呈分层状态。对于火灾中烟气层—空气层分层结构，Froude 数定义为：

$$Fr = \left(\frac{\rho_s \Delta U^2}{g \Delta\rho Z_s}\right)^{\frac{1}{2}} \tag{4-5}$$

式中，Fr 为 Froude 数；ρ_s为上层烟气的平均密度；$\Delta\rho$ 为上下两层平均密度之差；ΔU 为上层烟气与下层空气的平均速度之差；g 为重力加速度；Z_s为烟气层平均厚度。

燃烧产生的烟气由于温度较高，密度较小，与常温空气存在较大的密度差 $\Delta\rho$，因此具有较小的 Fr。同时烟流在顶棚对其下方空气的卷吸速率较低，能够沿着顶棚扩展相当长的距离。而烟气流动到地面后，温度已经明显降低，$\Delta\rho$ 变小。同时空气浮力也无法再维持上层烟气上升和向外扩展的趋势，在自身重力的作用下而沉降。经过出口蔓延到上部的烟气并不会形成明显的烟气层，而是弥漫在整个空间。同时，对于地铁空间这样的长通道，由于沿程的热交换，烟气流动到入口处温度有明显的下降，与下层空气的温差逐渐变小，空气浮力也有所减小，烟气在自身重力的作用下而沉降。这样将会导致烟气整体分层现象不再明显。因此，在狭长空间火灾中，经常能见到如图 4-6 所示的烟气运动现象。

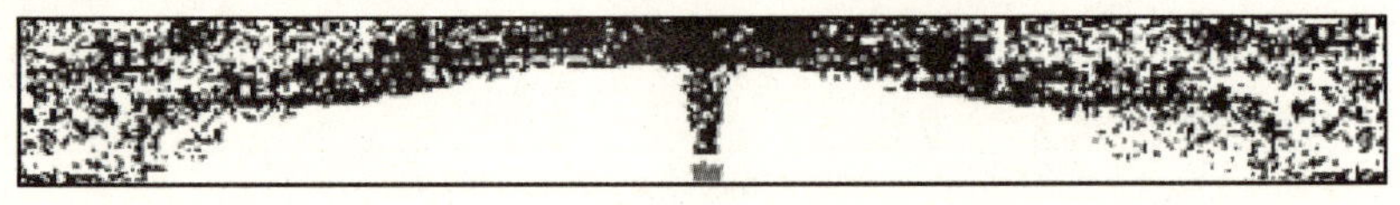

图 4-6 超狭长空间热烟气层运动现象

4.2.2 地铁空间的多单元区域模拟方法

根据前面的分析可知,在对地铁火灾的烟气运动进行区域模拟时,若仍然采用传统的整体双层区域模拟的方法是得不到与实际现象一致的结果的。为了尽量与实际情况接近,有必要将烟气沿程影响的区域进行分割,再作区域模拟的简化,使得模拟结果更为合理。

可以利用区域模拟软件的空间分隔工具首先对地铁空间进行子空间的划分,然后在每个子空间中采用双层区域模拟的方法,而对于各个子空间之间的烟气能量和质量的输运,则通过将相邻房间矩形竖直开口的宽度和上、下缘距离地面的高度的值分别设为空间的宽度、空间顶棚的高度和 0,将之近似为多室烟气溢流过程,如图 4-7 所示。

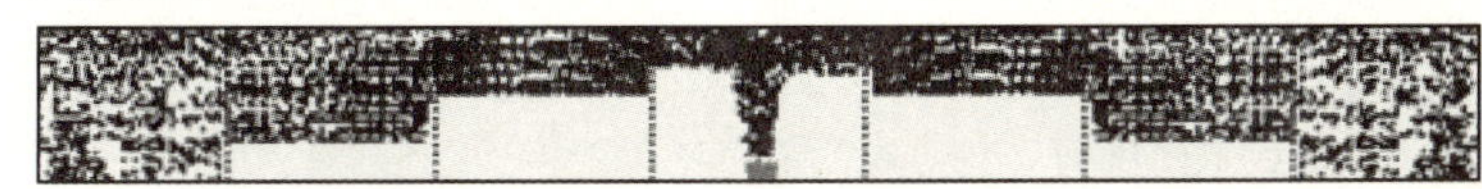

图 4-7 地铁空间烟气层发展的工程分析方法

在一般的区域模拟软件中,并没有将开口高度分隔为很多的无穷小高度之和,而是根据开口上下缘、中性面和烟气层的位置将之划分为若干个有限高度之和,对于每一个有限高度两侧烟气的流动,是通过下面的公式进行计算的:

$$\dot{m}_{i\_o}=\frac{1}{3}(8\rho)A_{\mathrm{h}}\left(\frac{|P_{\mathrm{t}}|+\sqrt{|P_{\mathrm{t}}\cdot P_{\mathrm{b}}|}+|P_{\mathrm{b}}|}{\sqrt{|P_{\mathrm{t}}|}+\sqrt{P_{\mathrm{b}}}}\right) \tag{4-6}$$

式中,A_{h}为任意有限高度所占有的竖直开口面积;P_{t}和P_{b}则分别为该有限高度上缘和下缘处的压力差。

将所划分的各有限高度两侧的烟气流量相加,则可得到总的通过该竖直开口的烟气流量。

4.2.3 应用实例

本例采用美国国家建筑与火灾研究室编写的区域模拟软件 CFAST(Consolidata Fire And Smoke Transport),它是一种计算火灾与烟气在建筑物内蔓延的区域模拟计算程序。在 CFAST 中,火源简化为一种以确定速率不断释放热量的燃料。通过燃烧,燃料的燃烧热转化为热焓,同时根据特定组分的产生率转化为该组分的质量。

某地铁车站平面图如图 4-8 所示,仅对其站台部分进行分析,可以将整个站台划分为 19 个区域,如图 4-9 所示。

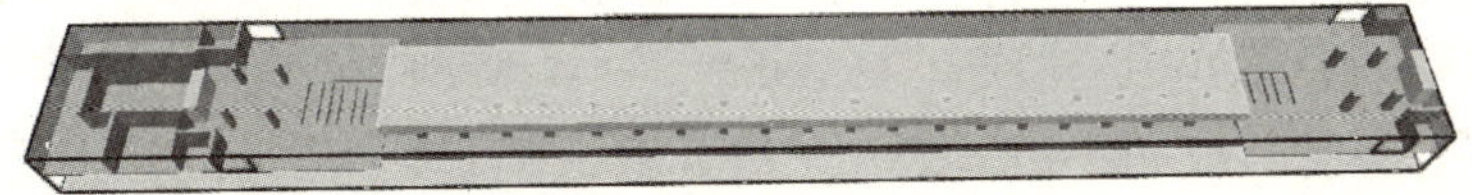

图 4-8 地铁车站平面图

		5	8	11	14	17		
1	2	4	7	10	13	16	18	19
		3	6	9	12	15		

图 4-9　地铁车站区域分割示意图

各个区域的编号与尺寸如下：区域 1、19 为与二楼站台相连的楼梯口区域，尺寸为 7.6m×5.4m×4.9m；区域 3、5、15、17 为与隧道相连的轨道区域，实际尺寸 20m×3.6m×8.3m，区域 3、5 的左端面为隧道口，区域 15、17 的右端面为隧道口；区域 6、8、9、11、12、14 为轨道，尺寸为 20m×3.6m×8.3m；区域 4、7、10、13、16 为站台，尺寸为 20m×11m×4.9m；区域 2、18 为站台与楼梯相连的区域，尺寸为 2.6m×5.4m×4.9m。通过 SmokeView 看到的 CFAST 模型如图 4-10。本书中只分析对人员疏散有决定意义的站台区域 4、7、10、13、16 五个区域的烟气层高度、烟气层平均温度。

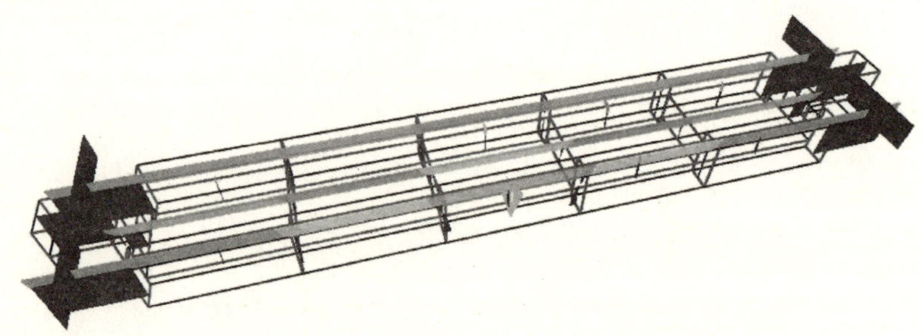

图 4-10　某地铁车站 CFAST 模型示意图

借鉴前面确定的 4 种火灾场景，即地铁列车着火并停靠在地铁车站（起火位置分别为列车中部和列车尾部），站台人为纵火（起火位置分别为在站台的中部和靠近疏散出口位置），考虑双风机机械排烟情况下的烟气运动。根据不同的工况模拟得到结果如图 4-11 ~ 图 4-14 所示。

工况 a. 站台中央 2MW，双风机机械排烟。

工况 b. 左端楼梯口 2MW，双风机机械排烟。

工况 c. 站台轨道中央 10MW，双风机机械排烟。

工况 d. 左端隧道口 10MW，双风机机械排烟。

从模拟结果可以看到，采用多区域模拟工程分析方法能够较好地反映烟气在地铁空间运动的实际情况。在近火子空间，尤其是在火源所在的子空间，上层烟气的温度要比远离火源的子空间高许多，这是与实际火灾场景中上层烟气温度在长度较大方向上的分布情况相符合的；烟气层高度的计算结果也基本反映了前面所讲到的火灾烟气在地铁空间运动的特殊现象。

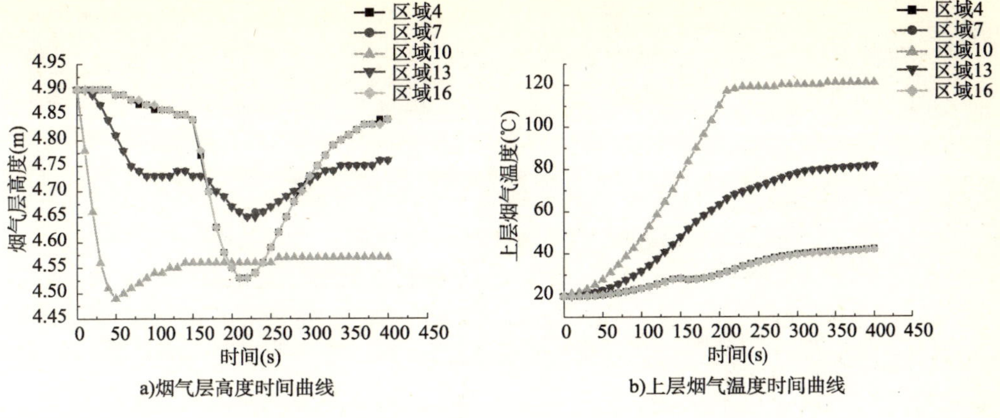

图 4-11　工况 a 站台区域烟气高度、温度时间曲线

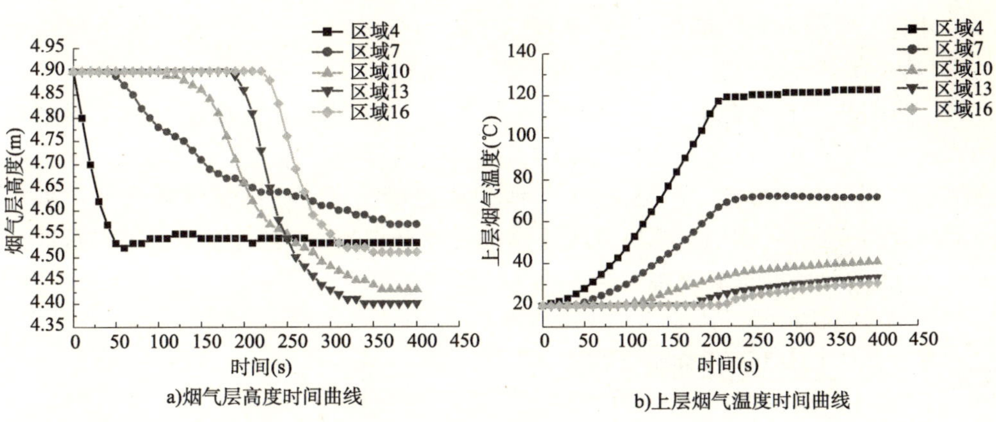

图 4-12　工况 b 站台区域烟气高度、温度时间曲线

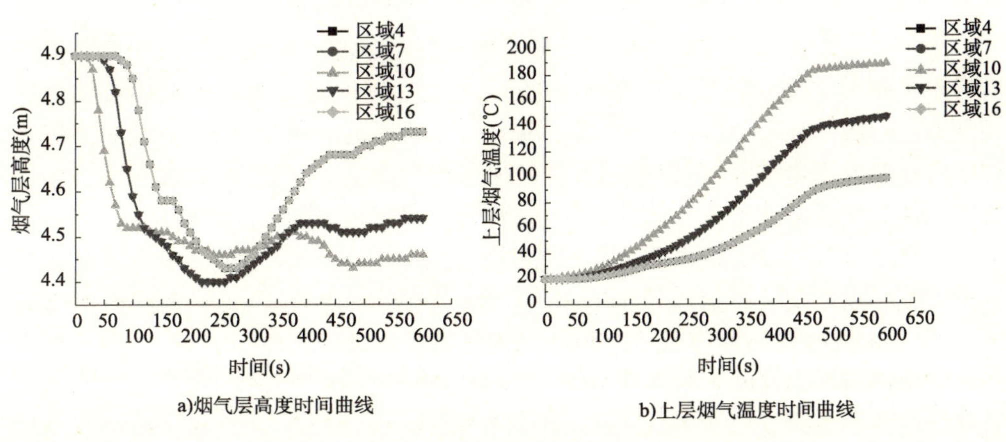

图 4-13　工况 c 站台区域烟气高度、温度时间曲线

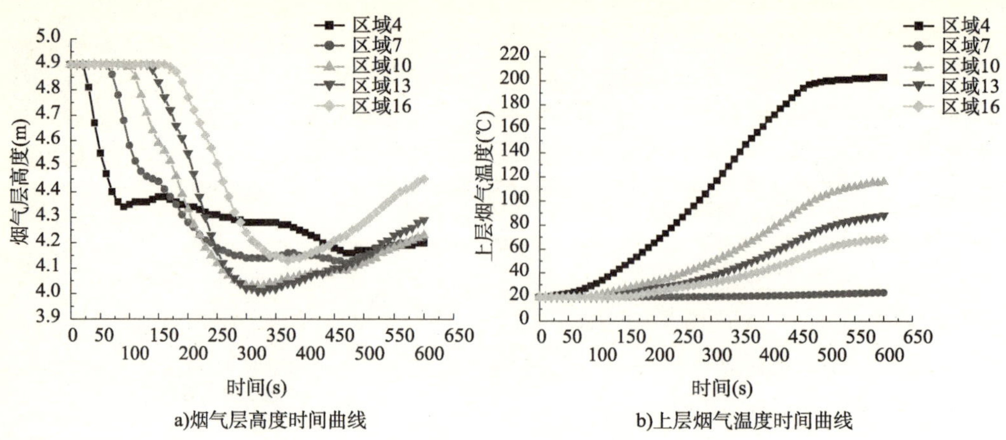

图 4-14　工况 d 站台区域烟气高度、温度时间曲线

随着子空间划分的细化,采用不同子空间划分多区域模拟方法计算所得出的结果,其差异有降低趋势,计算精度有所提高,在较细的子空间划分下,远端空间的计算结果表现出较好的自收敛性。但是过细的子空间划分计算耗时也是不划算的。因此,在采用本方法对地铁空间的远端空间进行烟气运动工程分析时,划分合适的子空间是很重要的。但是,这种方法并不能从根本上解决地铁空间火灾烟气运动的模拟问题,只能用于精度要求不高的工程分析当中,更为准确地进行地铁火灾模拟,还需要借助于场模拟方法。

4.3　地铁火灾的场模拟方法

4.3.1　火灾的场模拟概述

火灾动力学的场模拟方法源于计算流体动力学(CFD)的发展。虽然描述流体动力学的基本方程发展至今已有百年的历史,但是利用计算机模拟解决流体的流动与燃烧问题却只有 30 多年的历史。随着高速计算机的发展,同时人们对湍流和燃烧的本质认识更加深刻,提出了各种简化的物理模型,使场模拟的方法得以用于解决像火灾这样复杂的实际问题,因此在安全工程领域得到了广泛的应用。

场模拟是利用计算机求解火灾过程中状态参数的空间分布及其随时间变化的模拟方式。场是指状态参数如速度、温度、热辐射强度、烟气光密度、各组分浓度等的空间分布,这些参数对于火灾环境下的人员有着显著的影响,当达到一定的程度后可能造成致命的影响。根据人对热辐射耐受能力的研究资料,人对烟气层等火灾环境的热辐射耐受极限是 2.5kW/m^2。辐射热为 2.5kW/m^2 的烟气相当于烟气层的温度达到为 180 ~200℃。

场模拟的理论依据是自然界普遍成立的质量守恒(连续性方程)、动量守恒(NS 方程)、能量守恒(能量方程)和化学反应守恒定律等。火灾过程中状态参数的变化也遵循着这些规律。这些定律在数学上可以抽象成一个基本方程组,场模拟是物理模拟,它是以化学流体力学的基本理论为基础的模拟。它利用控制火灾过程的一组偏微分方程组,其中包括连续方程、动量方程、能量方程和组份方程,通过对它的数值求解来得到火灾过程中典型参数的空间分布及其随时间的变化。场模拟的理论基础对于各种不同的火灾过程都是成立的,它一般实施多维计算,将研究的空间划分为成千上万个计算单元——网格。一些常用的场模拟软件有 FDS、FLUENT、PHOENICS、FLOW3D 和 JASMINE。

4.3.2 地铁站台火灾排烟通风模式分析

1)模型构建

研究对象为一单层侧式站台,有效空间为长 120m,宽 16.8m,高 4.65m,其断面示意图如图 4-15 所示。站台有 4 个出入口。

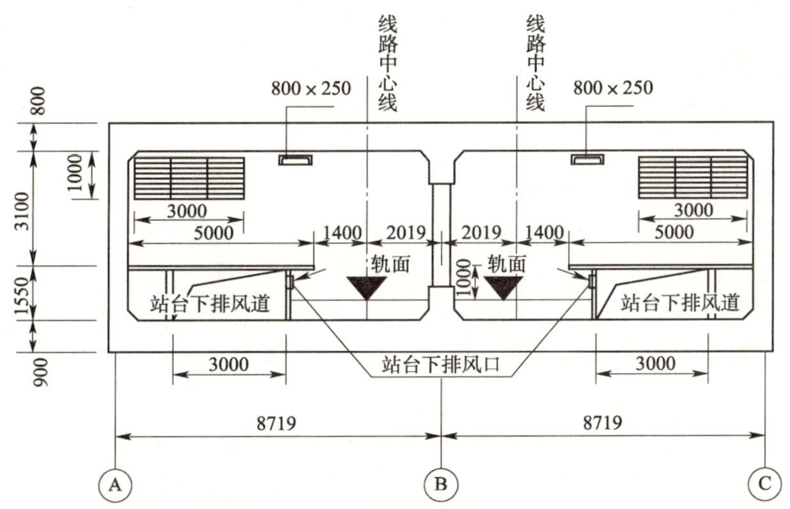

图 4-15 站台断面图(尺寸单位:mm)

站台利用机械通风来保持站台合适温度,带走负荷。正常环控工况下,站台两端上方各设 1 台轴流风机(可反转)向站台送风;同时各设有 1 台轴流风机负责从站台地板下空间抽取排风,形成了站台端部集中送风、站台地板下空间作为回/排风道,均匀排风的站送、站排的通风形式。每台风机风量为 60m^3/s 左右,全压 1000Pa。当站台发生火灾时,将利用正常工况下的集中送风口作为集中排烟风口使用,由车站进出口送风。此时,通过阀门的切换,可以将正常工况下的排风机与送风机并联运行,通过原集中送风口将站台的烟气及时排向地面。邻近站台的通风系统与此站台一致。

2)场景设计

根据前面的火灾场景分析,火源功率取为10MW。

站台发生火灾时主要依靠的是布置在站台两端的正常工况下的集中送风口进行排烟,由于排烟口的集中布置,不同的风机运行模式对通风排烟的效果相差很大,而且列车发生火灾位置不同也会有很大的影响。因此需要针对不同的火灾发生位置,研究如何合理调动站台的风机,以保证有最大的安全区和安全疏散通道,让乘客和工作人员安全撤离火灾现场。利用CFD软件模拟火灾发生时的气流场和温度场,为研究和分析合理的风机运行模式提供了有利的手段。

工况1:列车中部发生火灾。

模式1.1 关闭原送风机,站台两端各开一台排风机;

模式1.2 站台两端各开两台风机排风,原送风机逆转作排风机;

模式1.3 关闭原送风机,站台两端各开一台排风机,邻近区间或站台各开1台排风机;

模式1.4 站台两端各开两台风机排风,原送风机逆转作排风机;邻近区间或站台各开1台排风机。

工况2:列车头部或者尾部发生火灾。

模式2.1 关闭原送风机,站台两端各开一台排风机;

模式2.2 靠近火灾一侧开启两台排风机,原送风机逆转作排风机,另一端两风机均关闭;

模式2.3 靠近火灾一侧开启两台排风机,原送风机逆转作排风机,另一端两风机均关闭;同时开启一台右侧邻近火灾区域的区间风机或者站台风机排风;

模式2.4 靠近火灾一侧开启两台排风机,原送风机逆转作排风机,另一端开启一台送风机;

模式2.5 靠近火灾一侧开启两台排风机,原送风机逆转作排风机,另一端两风机均关闭;同时开启一台右侧邻近火灾区域的区间风机或站台风机排风;

表4-4详细给出了在上述各种模式下,由网络流动计算模型计算得出的从出入口和站台左右隧道进入站台的风量。

出入口和站台左右隧道进入站台的风量 表4-4

模　式	左隧道进风量(m^3/s)	右隧道进风量(m^3/s)	出入口进风总量(m^3/s)	出入口平均风速(m/s)
模式1.1	31.9	30.9	62.8	1.16
模式1.2	63.4	61.4	125	2.31
模式1.3	-56.3	-49.5	106	1.96

续上表

模　式	左隧道进风量（m^3/s）	右隧道进风量（m^3/s）	出入口进风总量（m^3/s）	出入口平均风速（m/s）
模式 1.4	-85	-78	163	3.02
模式 2.1	31.9	30.9	62.8	1.16
模式 2.2	26	28	62	1.15
模式 2.3	35	-3	84	1.56
模式 2.4	70	15.8	30.8	0.57
模式 2.5	80	-17	54	1

注：数值前如有负号，表示为出风状态。

3）结果的分析与讨论

对于站台火灾问题，选取最佳的通风方式首先应该满足两个基本原则：

（1）从进出口来的风要保证一定的速度，以有效压制烟气的扩散，保证人员撤离通道安全。

（2）尽可能不要让烟过多扩散进入周围隧道，否则这将会为后期周围隧道烟气处理带来麻烦。按照上述的原则，首先对上述两种火灾工况下的各种模式进行比选。

对于火灾工况 1，模式 1.3 和模式 1.4 都由于邻近的区间或站台排风机的作用，使得从出入口进来的新鲜气流迅速被隧道带走，同时也将带走大量的烟气，虽然进出口风速很大，排烟效果却不好。对于模式 1.1 和模式 1.2，后者从出入口和隧道的来流风速大约是前者的 2 倍，而且在模式 1.2 中出入口平均风速达到 2.3m/s，更加安全。

图 4-16 和图 4-17 比较了模式 1.1 和模式 1.2 的三维温度场在站台乘客头部水平高度的断面的分布情况，从图中可知，由于隧道主要靠在站台两端的风口排烟，而且火源在列车中部，所以在站台中央温度高，聚集了大量的热量和烟气。相反，在出入口到站台两侧，新鲜气流较多，相对来说是比较安全的区域。对比模式 1.1 和模式 1.2，可知模式 1.1 由于从进出口来流风量不够，不能有效带走聚集于站台中央的热量和烟气，导致在出入口到站台两侧的区间温度和烟气浓度均较高，这样在整个站台就几乎没有安全区域，给乘客的逃生带来极大的危险。而模式1.2 由于从进出口的风速比较模式 1.1 提高了一倍，能较有效带走热量和烟气，能形成较大的安全区域，相对而言更有利于乘客逃生和救生人员开展灭火救灾工作。以上分析说明，对于工况 1 通风模式 1.2 是最优的。

对于火灾工况 2，模式 2.4 进出口风速过低，首先舍去。模式 2.5，有一定量的烟气扩散到右边隧道，也不可取。比较模式 2.2 和模式 2.3，后者从进出口和左边隧道的来流风速都高于前者，虽然模式 2.3 会有少量的烟气扩散到右边隧道中，但综合比较模式 2.3 是更好的方案。

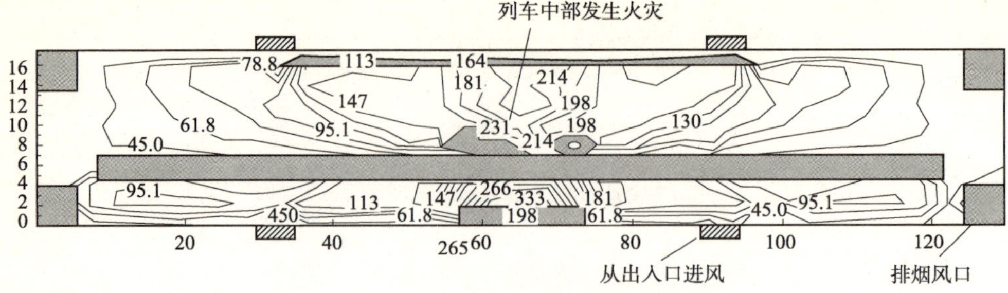

图 4-16　模式 1.1 在站台乘客头部水平高度的温度分布等温线图

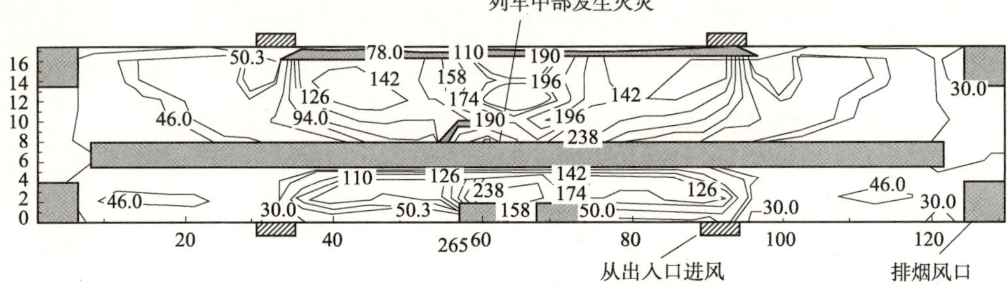

图 4-17　模式 1.2 在站台乘客头部水平高度的温度分布等温线图

图 4-18 和图 4-19 比较了模式 2.1 和模式 2.3 的三维温度场在站台乘客头部水平高度的断面分布。从图中可知，由于火灾发生在列车的头部，所以产生的高温烟气能很快从临近火源的端部风口迅速排出。对于这种送排风系统的地铁站台，列车头部(尾部)发生火灾是比中部的安全区域大，而模式 2.3 的安全区域大于模式 2.1，更有利于乘客逃生。以上分析说明，对于工况 2 通风模式 2.3 是最优的。

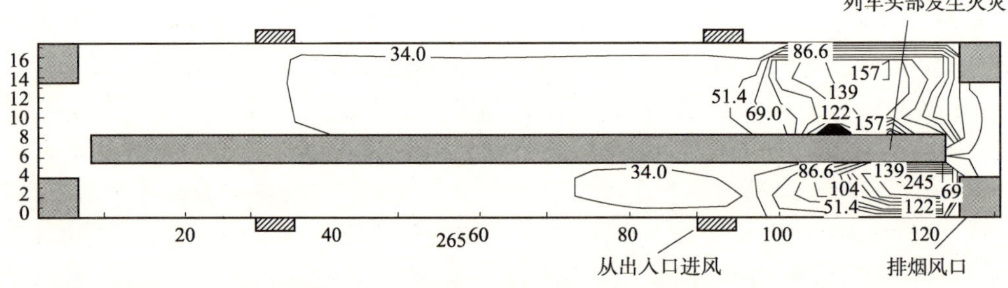

图 4-18　模式 2.1 在站台乘客头部水平高度的温度分布等温线图

根据场模拟的结果可以看出，地铁发生火灾事故时候，风机的启停和转动方向均应根据火灾发生的实际情况来确定，不同的通风方式，其效果可能相差很大。利用 CFD 的模拟分析软件，可以直观有效地判断通风方式的优劣。如果列车中部发生火灾，建议采取模式 1.2 的通风方式，即站台两端的四台风机均作排风使用。如果列车头部发生火灾，建议采取上述所述的模式 1.3，即靠近火灾一侧开启两台排风机，另一端两风机均关闭；同时开启一台邻近火灾的区间风机或者站台风机排风。

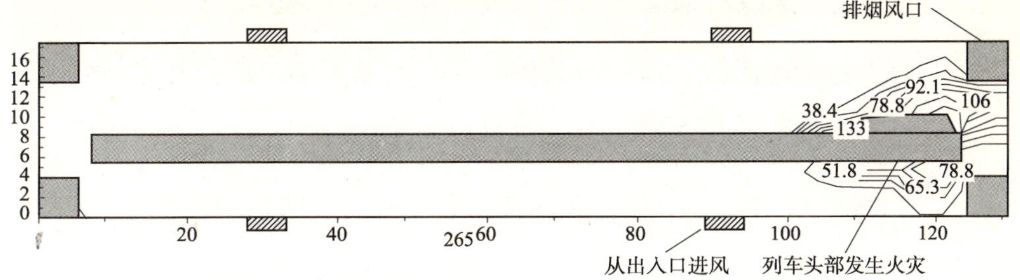

图 4-19　模式 2.3 在站台乘客头部水平高度的温度分布等温线图

4.3.3　场模拟在地铁车站防火设计中的应用

1）场景一（侧式站台火灾）

选取某城市地铁的侧式站台作为研究对象，由于地铁车站内人员较多而疏散楼梯较少，火灾发生时烟气对人员疏散影响较大，因此在防火设计中重点研究该站台的烟气运动特性。某侧式站台和楼梯的模型设置如图 4-20 所示。

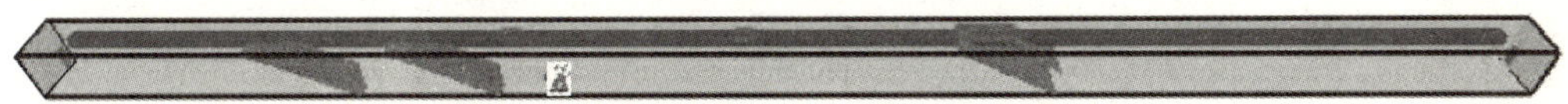

图 4-20　某侧式站台模拟计算的模型设置图

计算参数设置

站台长度：140m；

站台有效宽度：5.4m；

站台高度：5.4m；

楼梯或自动梯个数：3 个，自动梯上边缘距地面高度：3m；

火源位置：距离中间自动梯 4m；

机械排烟量：$120m^3/m^2h$；

排烟口高度：4.5m；

补风状况：在站台端门处设置机械补风，每个端门补风量为 $10000m^3/h$，2 个端门共 $20000m^3/h$。

下面对烟气特性的计算结果进行分析。

（1）烟气发展情况。

图 4-21 为站台中心线所在竖直截面在不同时刻的能见度分布情况。从中可以看出，烟气在 100s 时已经蔓延到站台的两端。在 200s 时火源左侧的烟气降到大约自动梯口的上边缘位置（3m）。火源右侧由于距离较长，烟气还没有降下来。400s 时火源右侧远端的烟气也降到自动梯口的上边缘位置（3m）。600s 时有少量烟气流入自动梯口，但整个站台内的烟气保持在 2m 以上。

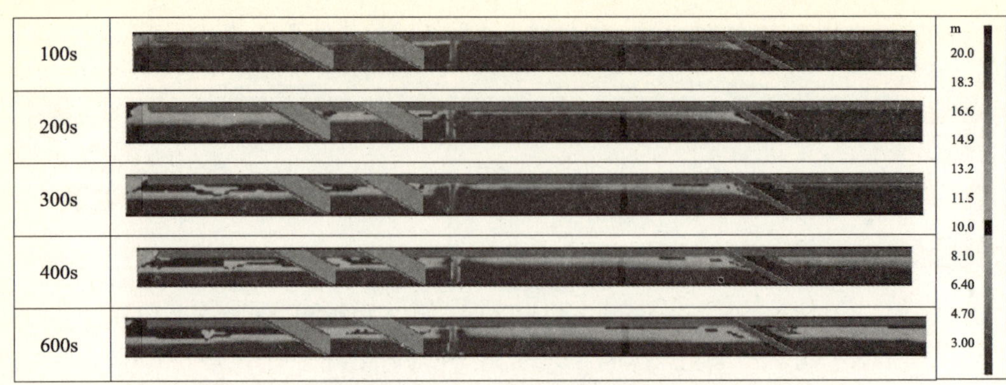

图 4-21　站台中心线所在竖直截面在不同时刻的能见度分布情况

(2)烟气温度分布。

图 4-22 为站台中心线所在竖直截面在不同时刻的温度分布情况。从中可以看出,整个过程中,只有距离火源 4 ~ 5m 的区域内烟气的温度可以达到 100℃以上,其他区域的烟气温度都小于 100℃,只有自动梯之间 3m 以上的区域温度可以达到 60℃,而火源左侧靠近自动梯的烟气温度只有距离顶棚 1m 的较薄区域烟气温度可以达到 60℃,4m 以下 2m 以上的烟气温度保持在 40℃左右,2m 以下基本为常温。离火源较远的自动梯的右侧区域烟气温度保持在 40℃以下。

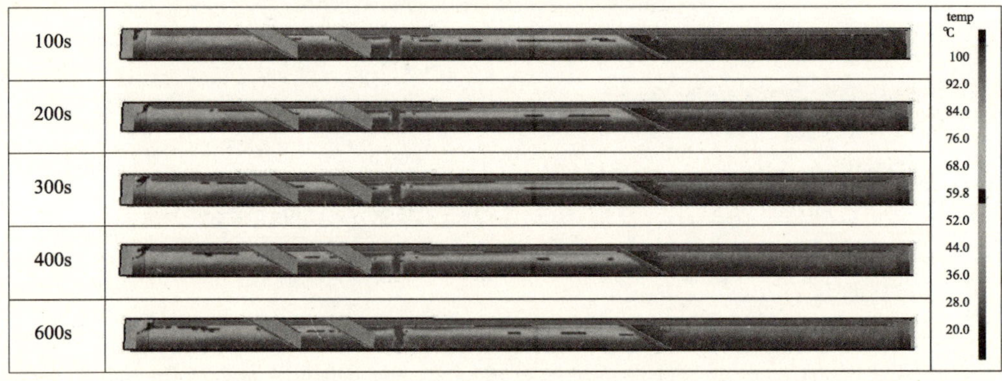

图 4-22　站台中心线所在竖直截面在不同时刻的温度分布情况

图 4-23 为自动梯中线所在竖直截面不同时刻的温度分布情况。从中可以看出,由于距离火源较近,烟气在 100s 时已经下降到自动梯的上边缘位置,在 200s 时有少许烟气从自动梯口向上流动,在 300s、400s 和 600s 时,也只是有少量的烟气溢入自动梯,但并没有大量的烟气沉降充满自动梯。

(3)流场分布。

图 4-24 为自动梯中心线所在竖直截面竖直方向的速度在不同时刻分布情况。表右侧的标识中负数表示气体向下流动,正号表示向上流动,数字表示速度大小。

从中可以看出，在 100s 时，自动梯内的气体流动方向主要是由上向下，速度大小约为0.3m/s。在 200s 时，靠近自动梯上部有向上的烟气流动，但速度较小，在自动梯出口处（一层地面）的气体流动方向还是向下的。在 300s、400s 时同样有明显的向下的气体流动，向上的流动在自动梯出口处变为向下的流动。在 600s 时自动梯出口处的烟气速度基本为零。这说明由于烟气被大量排出，即使烟气能够蔓延到自动梯内，由于速度非常小，会被自上而下的空气阻挡住，基本蔓延不到上层。

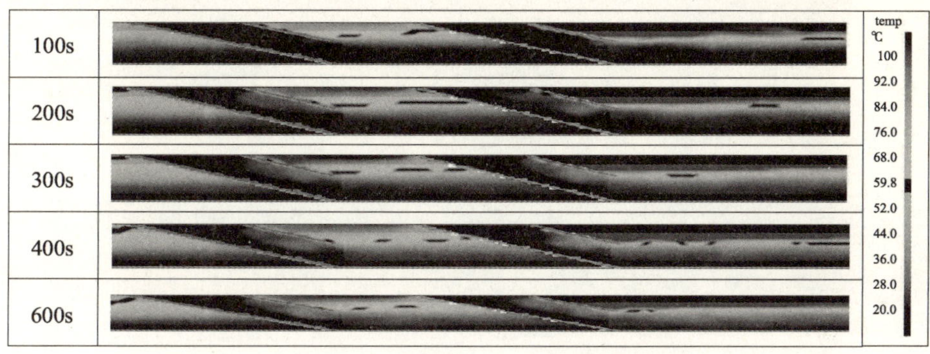

图 4-23　自动梯中线所在竖直截面不同时刻的温度分布情况

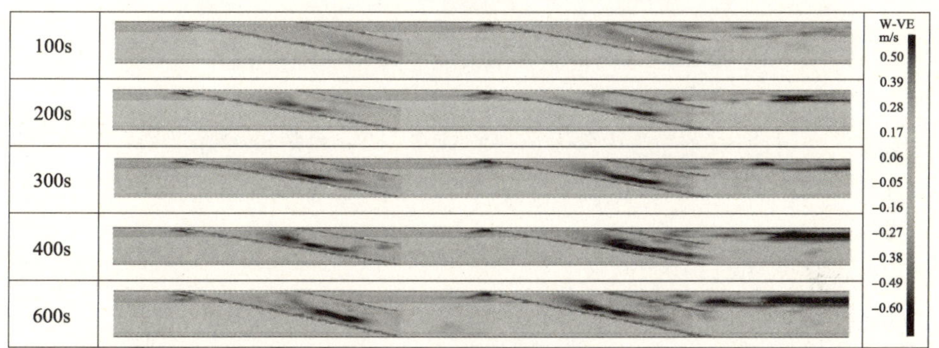

图 4-24　自动梯中心线所在竖直截面竖直方向的速度在不同时刻分布

图 4-25 为站台端门中心截面处的水平速度分布，图标中的负值表示由外向内（由左向右）的速度。可以看出，端门处存在的较强的由外向内的水平流速，使烟气不能沉降到地面。如果不设置机械补风，远离火源的区域（如站台端门附近）的烟气难以被顺利排出而沉降过快，可能会影响人员安全疏散。数值模拟计算结果也表明端门处不设置机械补风，能见度降低较快，在 360s 时 2m 高度的能见度已小于 10m，影响人员疏散，如图 4-26 所示。因此设置机械补风是必要的。

结果表明：侧式站台在机械排烟量为 $120m^3/m^2h$，利用楼梯口从一层大厅自然补风，并在站台端门处设置机械补风（来自隧道，补风量为 $20000m^3/h$）的条件下，除火源附近外，烟气温度基本保持在 60℃ 以下，烟气层高度保持在 2m 以上，可以保证地铁站台人员安全疏散。烟气虽然能够进入自动梯，但速度很低，在自动梯内形成热烟气层,难以蔓延到一层大厅,并且不影响人员疏散。

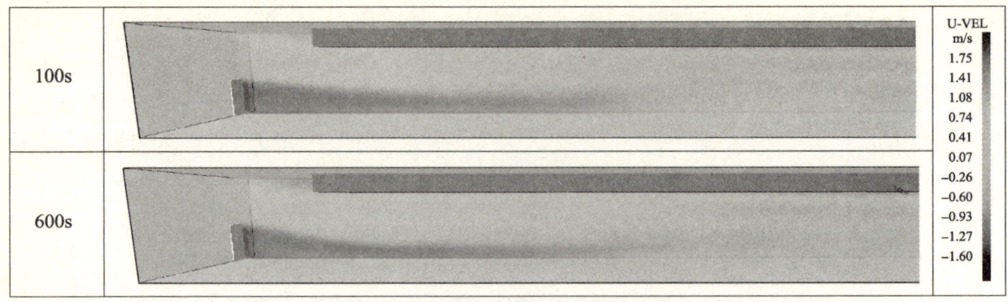

图4-25 为站台端门中心截面处的水平速度分布

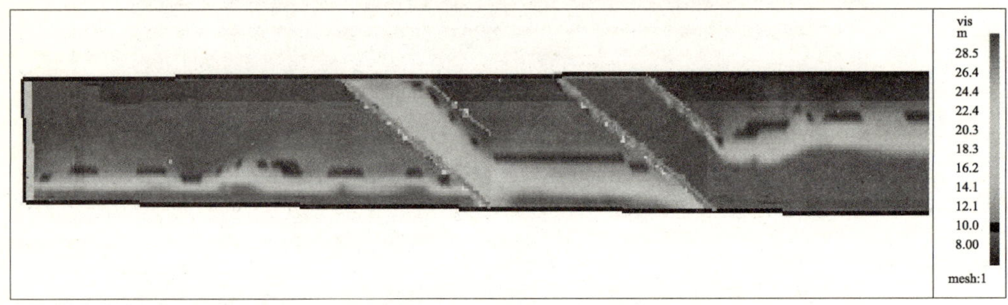

图4-26 端门处不设置机械补风情况下的能见度分布

2)场景二(岛式站台火灾)

选取某城市地铁的侧式站台作为研究对象,计算参数设置如下:

站台长度:140m;

站台宽度:8.5m;

站台高度:5.4m;

楼梯或自动梯个数:3 个,自动梯上边缘距地面高度:3m;

火源位置:距离自动梯4m(见图4-27);

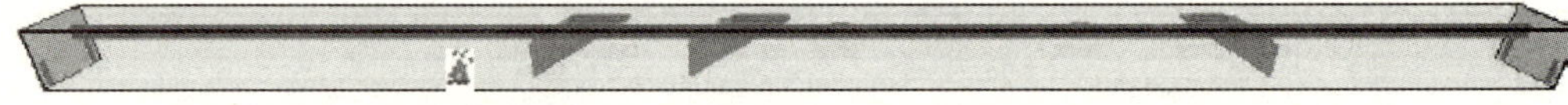

图4-27 岛式站台模拟计算的模型设置图

机械排烟量:$90m^3/m^2h$;

排烟口高度:4.5m;

补风状况:在站台端门处设置机械补风,每个端门补风量为$5000m^3/h$,4 个端门共$20000m^3/h$。

站台和楼梯模型设置如图4-28 所示。

下面对烟气特性的计算结果进行分析。

(1)烟气发展情况。

图4-28 为岛式站台中心线所在竖直截面在不同时刻的能见度分布情况。从

图中可以看出，烟气在31.5s时蔓延到离火源较近的站台端；150s时蔓延到较远的站台端。远离火源的站台端由于烟气温度较低，很容易下降，在200s时下降到2m左右的位置，360s时下降到1.5m左右，但能见度一直保持在10m以上，而近火源的站台端烟气一直保持在2m以上，自动梯附近的烟气保持在3m左右，可以保证人员安全疏散。480s时端门处2m以下的能见度开始降到10m，600s时离端门5m左右的区域内2m以下的能见度降到10m，但站台其余区域2m以下能见度一直保持在10m以上，可以保证人员安全疏散。

图4-28　站台中心线所在竖直截面在不同时刻的能见度分布情况

（2）烟气温度分布。

图4-29为站台中心线所在竖直截面在不同时刻的温度分布情况。从图中可以看出，整个过程中，只有距离火源4～5m的区域内烟气温度可以达到100℃以上，其他区域烟气温度都小于100℃。近火源站台端的烟气层上部温度可达到60℃，但2m以下区域烟气温度在40℃以下。远火源端的烟气温度始终保持在40℃以下。

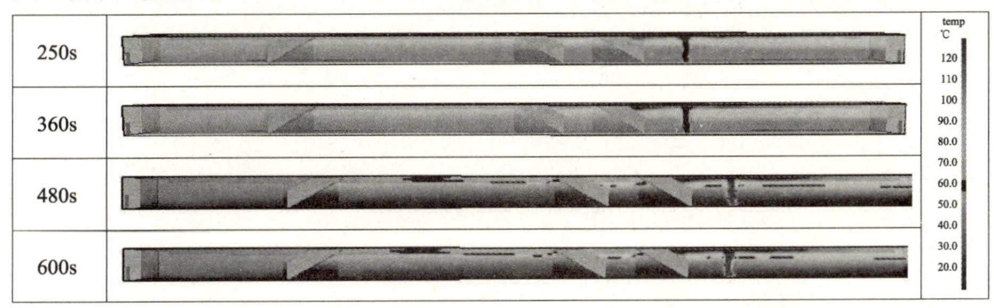

图4-29　站台中心线所在竖直截面在不同时刻的温度分布情况

图 4-30 为三个自动梯内部竖直截面不同时刻的温度分布情况。从图中可以看出，烟气在 360s 时已经下降到自动梯的上边缘位置，并且有少量烟气进入到自动梯内，在自动梯内紧贴上部形成薄的热烟气层，不影响站台人员疏散，并且难以蔓延到一层大厅。在 600s 以内自动梯内的烟气层没有明显变化，不会影响人员疏散。

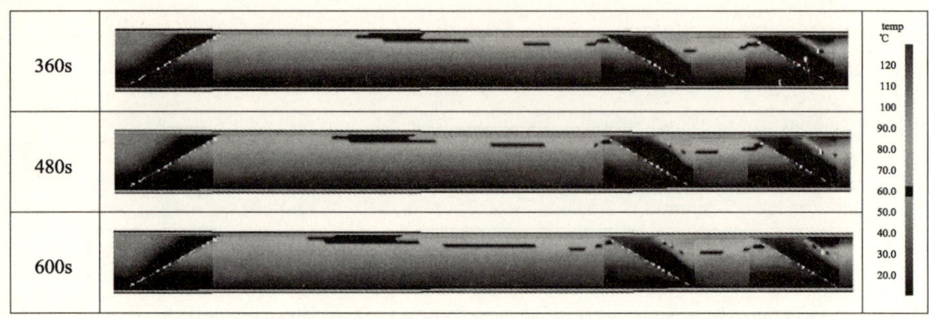

图 4-30　自动梯内部竖直截面不同时刻的温度分布情况

结果表明岛式站台在机械排烟量为 $90m^3/m^2h$，利用楼梯口从一层大厅自然补风，并在站台端门处设置机械补风（来自隧道，补风量为 $20000m^3/h$）的条件下，除火源和站台端门外，绝大部分区域的烟气温度基本保持在 60℃ 以下，烟气层高度保持在 2m 以上，能见度保持在 10m 以上，可以保证地铁站台人员安全疏散。烟气虽然能够进入自动梯，但速度很低，在自动梯内形成热烟气层，不影响站台人员疏散，并且较难蔓延到一层大厅。

通过场模拟的计算，可以为地铁车站的设计提供如下建议：站台火灾场景：在选择合适的机械排烟量（侧式站台不低于 $120m^3/m^2h$，岛式站台不低于 $90m^3/m^2h$），利用站台楼梯口从一层大厅自然补风，并在站台端门处设置机械补风（来自隧道，补风量不低于 $20000m^3/h$）的条件下，可以防止烟气在人员疏散完毕前下降到危险高度并蔓延到一层大厅，保证人员安全疏散。建议适当增加补风量至 $30000m^3/h$ 以获得更佳站台排烟效果。建议地铁车站环控系统选取排烟量不低于 $120000m^3/h$ 的排烟风机以保证站台排烟量要求。建议一层大厅的空调系统正常运行，以提高大厅的风压，防止地铁站台火灾烟气蔓延至一层大厅。

第5章 城市轨道交通车站的人员应急疏散模拟

5.1 人员应急疏散计算机模拟技术

围绕紧急情况下人员的心理和行为特点，对人员疏散速度、拥堵情况、路线选择等问题进行研究，对于得到行之有效的安全疏散应急预案，配备切实可行的安全疏散指挥和管理方法是相当必要的。然而，现代建筑结构的复杂性决定了用简单的计算是不可能对逃生模式进行模拟的，也无法集中数千人均布于地铁站台内专门进行疏散演习，更难以同时对所有人的相关属性和疏散轨迹进行跟踪记录。而且人的行为具有很大的随机性，即使同样的人群在同一场景中，其前后两次的疏散行为也会有许多差别，从而难以对疏散场景进行精确设定和调整，难以全面考察人们在所有可能发生的疏散场景中的疏散状况。随着数字化计算机的发展，以计算机模拟为基础的疏散模型被不断开发出来或正处于开发之中，能够较好地用于地铁灾害情况下的人员疏散安全分析。

人员应急疏散计算机模拟技术建立在对人在正常情况和紧急情况下运动的量化研究基础之上，通过几十年来相关研究工作的积累，国内外研究人员开发了一系列各具特色的人员疏散模型，这些模型有其各自的适用场所。据统计，近年来正在应用或处于开发的模型大约有20多种。人员疏散模型共有四种分类方法：

第一种分类方法按照疏散模型的应用特征，分为优化类模型、模拟类模型和风险评估类模型。优化类模型假定人员疏散是按照最有效的方式进行，而忽略了外部环境和人员的其他非疏散行为；模拟类模型可以表现实际的疏散行为和运动，不仅能得到较为准确的结果，也能较真实地反映疏散时所选择的逃生路线和所做的决定；风险评估模型能对事故风险进行量化，并通过多次重复模拟估算人员疏散中相关的统计数据。

第二种分类方法主要针对建筑中人员特征的表示方法：分为群体分析模型和个体分析模型。其中群体分析模型不考虑人员的个体特性，只是将模型中所有人作为具有共同特性的群体加以分析和模拟，这些模型很难模拟火灾等紧急情况下各种事件对个体的影响；个体分析模型一般允许设定或由随机方法确定模型中人员的个体特性，以模拟人员的决定和运动过程。

第三种分类方法是根据模型中人员的行为决定方法分为无行为准则模型、函数模拟行为模型、复杂行为模型、基于行为准则的模型和基于人工智能的模型。其中无行为准则的模型完全依赖人群的物理运动和建筑空间的物理表达来决定人员的疏散情况并作出相应的预测和判断；函数模拟行为模型中人的运动和行为完全由单个或者一组方程控制，人员的运动和行为也可以对这个或这些方程有修正作用；复杂行为模型并不明确表示人员的行为决定准则，而是通过一系列统计数据（心理和社会的影响）含蓄地处理人员的行为；基于行为准则的模型则明确承认人员具有个体特性，允许人员按照事先确定的行为准则来作决定和运动，这些准则将在一些特殊场合下起作用；基于人工智能的模型则把人员设计成能对周围环境进行智能分析的智能人，从而准确地表现模型中人员的决定过程。

第四种分类方法是基于模型物理空间的模化方法，把模型分为粗糙网络模型、精细网络模型和连续性模型（社会力模型）三类。粗糙网络模型不注重详细的建筑布局和大小，采用每个网格节点都可以表示一个房间或走廊，并按照建筑中的实际情况，用代表出口的弧线将这些网格节点连接起来，弧线上的权值表示该出口的疏散能力，粗糙网络模型常用来模拟高层建筑的人员疏散；精细网格模型把建筑平面空间划分为瓦片状的网格或者网点，可以准确地表示建筑平面空间的几何形状及其内部障碍物的位置，在疏散模拟过程中任一时刻模型中的每个人都有准确的位置；连续性模型基于多粒子自驱动系统的框架，假定人员个体具有思考和对周围环境做出反应的能力，使用一般的力学模型模拟步行者恐慌时的拥挤动力学，其代价是花费了大量的计算时间，模拟计算效率较低。

近年来，各国已发展了多种计算机模拟人员安全疏散模型，并形成了界面友好、便于使用的分析软件，利用这些分析设计工具对各类建筑中人员的安全疏散进行评估，取得了令人瞩目的效果。表5-1给出了常用的疏散计算软件的开发机构、应用特征及按照第一种分类方法所属的类别。

常用人员疏散计算模拟软件 表5-1

名　称	开发机构	应用特征	分　类
ASERI	德国 LST	模拟个体的疏散行为，包括了烟气和火灾蔓延对人员行为的影响	模拟

续上表

名　称	开发机构	应用特征	分　类
BGRAF	Michigan 大学	利用图解的界面工具，模拟疏散时认知过程的随机模型	模拟
Building EXDOUS	Greenwich 大学	精细网络模型，由 5 个交互子模型组成，考虑人、火及结构之间的相互影响，具有强大的后处理器功能	模拟
CFE	SKLFS	考虑了火灾发展及其产物对人员心理和生理的影响	模拟
CRISP II	UKFRS	运用区域火灾模型计算火灾生成物的传播，适用于住宅楼的危险度评估	风险评估
DONEGAN'S ENTROPY MODEL	Donegan 等	适用于单一出口的多层建筑	模拟
EGRESS	AEA	用六角形坐标系统，在移动角度上表现得更为精细，适用于人员密集场所	模拟
EVACNET +	Florida 大学	分析多层建筑疏散过程	优化
EVACSIM	CESARE	以不连续事件来模拟高层建筑火灾的疏散模型，考虑了人的行为特性	模拟
EXIT89	NFPA	应用最短路径演算法来模拟疏散过程，是用于高密度人员建筑模拟的	模拟
EXITT	Levin	可考虑个人行为特征，主要用于住宅楼建筑，为 Hazard I 的子程序	模拟
MAGNET	Okazakim 等	依据避难空间磁场强弱选择逃生路径	模拟
PATHFINDER	RJA	应用紧急疏散模拟算法	模拟
PAXPORT	Halcrow Fox	用于模拟航站楼内大量旅客的疏散	模拟
SGEM	CityU HK	精细网络模型，应用随机行走模型，二维动态显示	模拟
SIMULEX	Edinburgh 大学	精细网络模型，用于多层建筑，运动速度随密度动态调整	模拟
STEPS	Mott MacDonald	网络大小可调，实时三维模拟，路径选择动态决策，适用于超大型建筑	模拟
TAKAHASHI'S	日本 BRI	假设以群流形式移动的函数模拟人员行为的模型，计算效率高	优化
VEGAS	Colt VR	使用者必须提供每个人员的指定路径	模拟
WAYOUT	CSIRO	FireCALC3.0 的一部分，合并交通流量模型	风险评估

5.2 城市轨道交通人员应急疏散模拟仿真

5.2.1 场景设计

1)地铁车站的布局和尺寸

地铁某车站基本布局如图5-1所示,建筑结构的主要尺寸见表5-2。该车站为岛式站台车站,中层站厅为集散大厅形式,共有3个出口,其中东端1个出口(B口),西端2个出口(A、C口)。

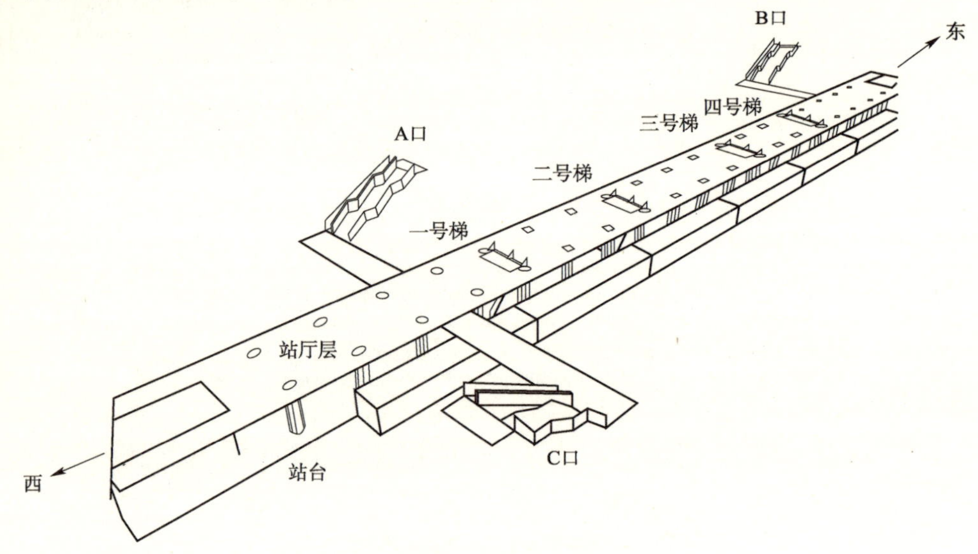

图5-1 地铁某车站基本布局图

某地铁车站主要建筑尺寸 表5-2

项目	尺寸(m)	项目	尺寸(m)
地面至站台深度	13	站台宽度	11
进站口至站台实际距离(最长)	52.3	站台至顶部距离	4.5
通道宽度	6	站两侧隧道口宽度	4.5
站台有效长度	120	隧道内宽度	3.6

2)人员荷载设计

为了从保守的角度考虑,人员荷载都采用极端拥堵的超高峰时段情况。按照前面的分析,设定人员荷载如下:

站台:500人,人员密度约为2.5人/m^2;

票厅：各 50 人，人员密度约为 1 人/m^2；

车厢：单节车厢 240 人，每列共 6 节车厢，人员密度约为 4 人/m^2。

考虑发生事故后两列满载乘客的列车进站，需要通过车站让人员全部疏散这一情况，总人数为 3880 人。

3）突发事故场景设计

不同的突发事故位置能够对人员疏散通道产生不同的障碍，从而改变人员疏散路线。可以设计如下几种事故场景：

（1）突发事故发生在站台中央。站台西端人员利用一、二号梯向站厅层移动，站台东端人员利用三、四号梯向站厅层移动。

（2）突发事故发生在站台东端。事故位置以东的人群只能使用四号梯向站厅层移动。

（3）突发事故位置在站台西端。事故位置以西的人群只能使用一号梯向站厅层移动。

（4）突发事故位置在站厅中央。到达站厅后事故以东人员只能使用 B 出口，事故位置以西人员只能使用 A、C 出口。

（5）突发事故位置在站厅西端。一号梯失效，人员到达站厅后只能往东端移动。

（6）突发事故位置在站厅东端。四号梯失效，人员到达站厅后只能往西端移动。

（7）突发事故位置在站厅中央偏西。二号梯失效，人员通过一号梯到达站厅通过 A、C 口疏散，通过三、四号梯到达站厅后通过 B 口疏散。

（8）突发事故位置在站厅中央偏东。三号梯失效，人员一、二号梯到达站厅通过 A、C 口疏散，通过四号梯到达站厅后通过 B 口疏散。

4）乘客对地铁出口的熟悉程度

乘客对某个出口的熟悉程度高，则更倾向于选择该出口。在默认情况下，认为乘客对各个出口的熟悉程度都是 100%，没有其他倾向性，人员对出口的选择完全取决于空间距离的远近以及排队状况。作为比较，还考虑了乘客对出口熟悉程度不同的情况，当熟悉程度改变后，各个出口的使用人数配比将可能发生变化。

对该地铁车站共模拟了 14 个场景，场景设置见表 5-3。假设两列列车分别在站厅发生事故后的 20s、30s 到达。

某地铁车站模拟场景 表 5-3

序 号	场 景	其 他
1 ~ 1	（1）	默认出口熟悉程度
1 ~ 2	（1）	对 B 口熟悉程度为 50%，其余为默认出口熟悉程度
1 ~ 3	（1）	对 B 口熟悉程度为 67%，其余为默认出口熟悉程度
2 ~ 1	（2）	默认出口熟悉程度

续上表

序　号	场　景	其　他
2～2	(2)	对 B 口熟悉程度为 50%，其余为默认出口熟悉程度
2～3	(2)	对 B 口熟悉程度为 67%，其余为默认出口熟悉程度
3～1	(3)	默认出口熟悉程度
3～2	(3)	对 B 口熟悉程度为 50%，其余为默认出口熟悉程度
3～3	(3)	对 B 口熟悉程度为 67%，其余为默认出口熟悉程度
4	(4)	默认出口熟悉程度
5	(5)	默认出口熟悉程度
6	(6)	默认出口熟悉程度
7	(7)	默认出口熟悉程度
8	(8)	默认出口熟悉程度

5.2.2　疏散过程分析

图 5-2～图 5-5 给出了默认出口熟悉程度情况下不同人员荷载的疏散过程。计算结果说明：

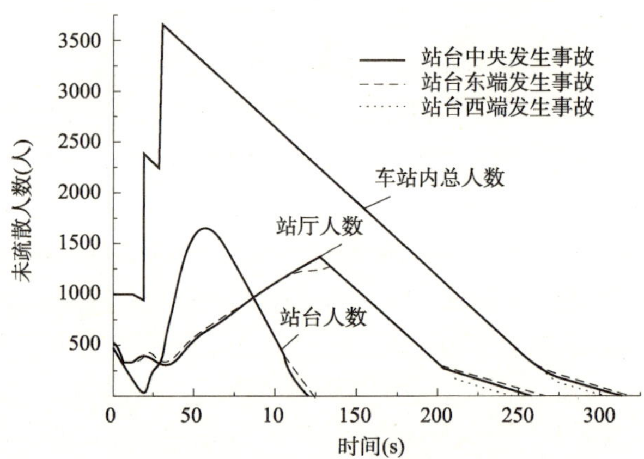

图 5-2　站台发生事故后的人员疏散过程

(1)当西端出站楼梯因事故导致无法使用的情况下，由于东端只有一个出口可以使用，因而疏散时间最长，在极端拥堵的情况下，最长疏散时间需要 776s。

(2)人员疏散到一定时间后，车站内未疏散人数和站厅人数的变化曲线会存在一个明显的拐点，说明此时的人员减少趋势明显减弱。这是由于站厅东侧只有一个出口，导致等候时间较长，当使用西端出口的人员疏散完毕后，东端的 B 口仍有部分人员疏散。

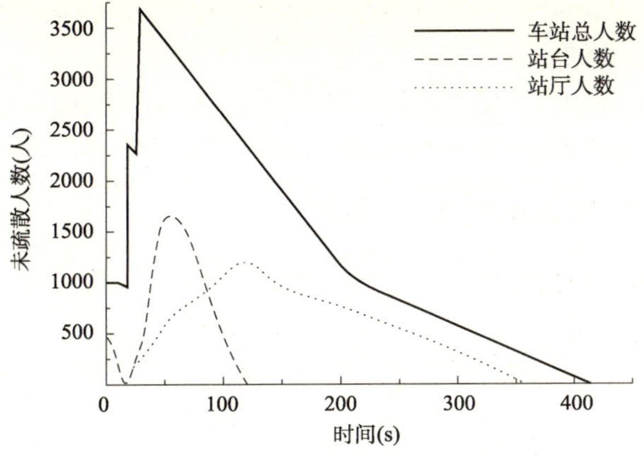

图 5-3　站厅中央发生事故后的人员疏散过程

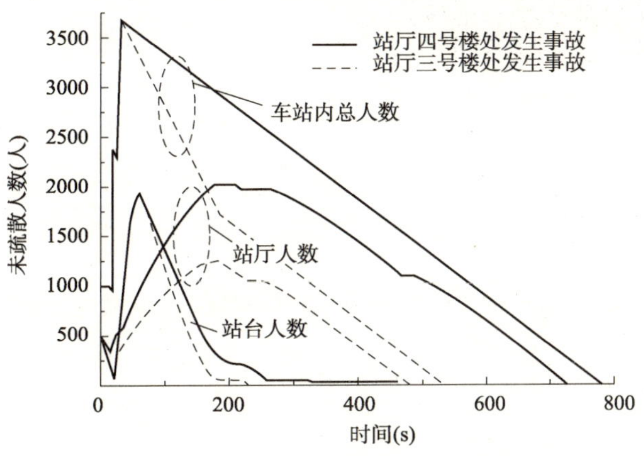

图 5-4　站厅西侧发生事故后的人员疏散过程

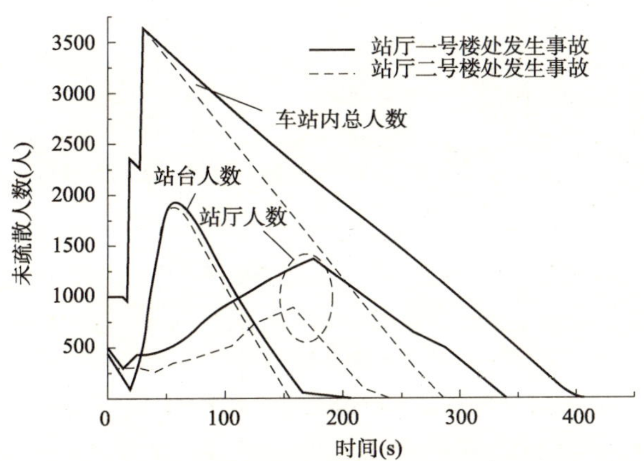

图 5-5　站厅东侧发生事故后的人员疏散过程

(3)站台事故发生地点对整体疏散效果的影响不大,但站厅事故发生的地点不同,总疏散时间具有明显的不同。

(4)站厅人数变化曲线与站内总人数变化曲线具有相似的下降趋势,而且各工况下,站厅人员疏散完毕时间与全部疏散完毕时间的时间差都在 50 ~ 60s。

5.2.3 出口熟悉程度的影响

对于站厅发生事故的场景,往往形成对站厅疏散路线的阻隔。这样的场景下,通常仅能有一端出口可用。而当站台发生事故时,如果通风、防烟等措施得当,站厅所受影响相对较小,人员到达站厅后,存在着两端出口的选择。在默认出口熟悉程度的影响时,人员的疏散时间主要依据距离出口的远近,这样会造成一端疏散时间过长,另一端能够疏散却未被充分利用的局面,这种现象从图 5-6 也能看出。因此有必要针对站台发生事故的场景,设定人员对 B 口不同的熟悉程度,对疏散过程做进一步的分析。分别设定人员对 B 口的熟悉程度为 100%、67% 和 50%,得到不同事故地点和人员荷载下的疏散过程如图 5-7 ~ 图 5-9 所示。

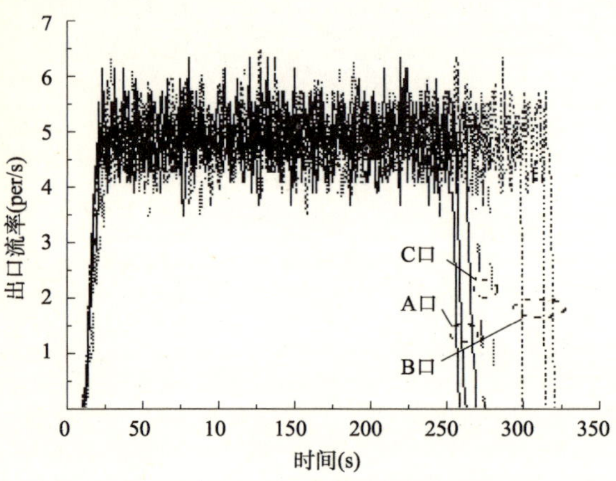

图 5-6　站台发生事故后出口流率变化

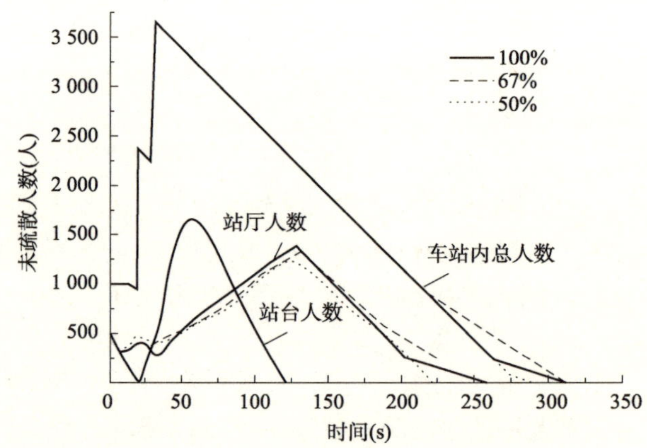

图 5-7　站厅中央发生事故不同 B 口熟悉程度的疏散过程

从图 5-10 ~ 图 5-12 可以看出:

(1)人员对 B 口的熟悉程度的改变,对于站台人员疏散过程几乎没有影响。

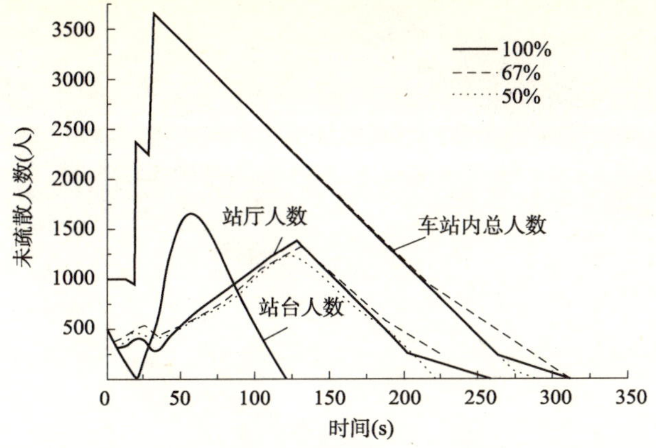

图 5-8　站厅东端发生事故不同 B 口熟悉程度的疏散过程

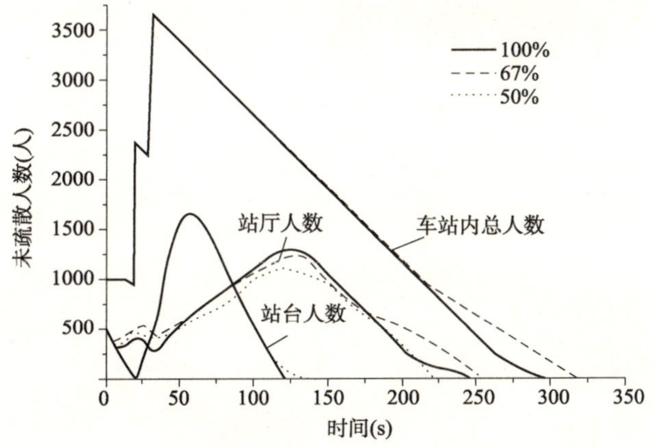

图 5-9　站台西端发生事故不同 B 口熟悉程度的疏散过程

(2)当人员对 B 口的熟悉程度降低,会有更多的人倾向于选择 A、C 两个出口,从而一定程度上缓解了 B 口的压力,大多数情况下会使疏散时间有所减少。但是当对 B 口的熟悉程度过低,过多的人涌向 A、C 两个出口,又会使得 B 口得不到充分利用,从疏散过程就可以看到这样的情况。从设定的计算场景来看,当人员对 B 口熟悉程度为 67% 时,疏散效果相比于默认熟悉程度和对 B 口 50% 熟悉程度这两种情况要更好。

(3)由于人员改变方向对出口进行再选择,需要在站厅内运动较长的距离,当站厅人数较少时,人员能较快地进入通往出口的通道内排队等候,这时候有人掉转方向重新选择出口,会再进入站厅,从而使得站厅人员疏散完毕的时间延长。

从整体疏散效果来看,B 口的熟悉程度为 67% 时,相比于默认熟悉程度时,能够让疏散完毕时间最多缩短 64s。

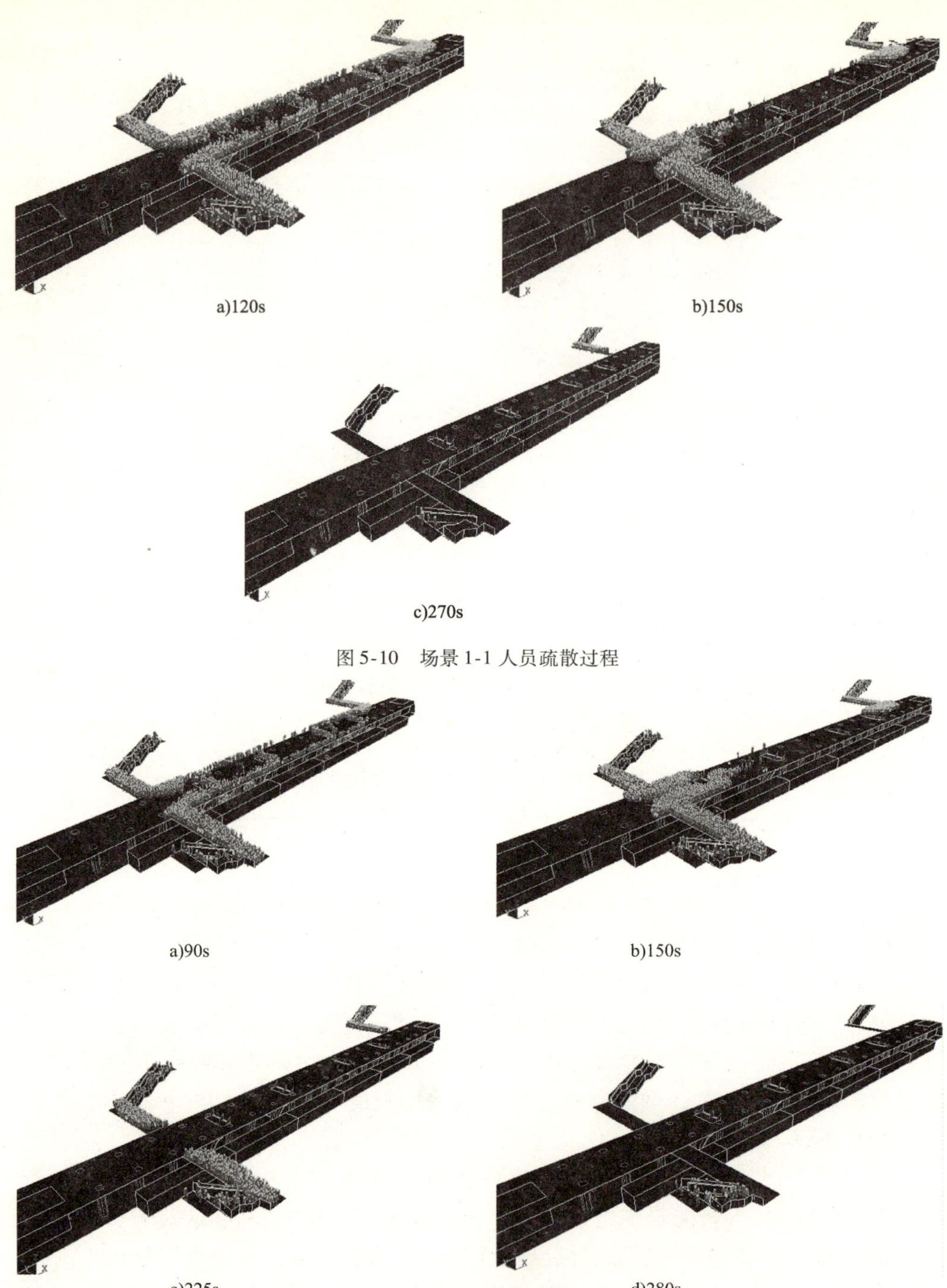

a)120s　　b)150s　　c)270s

图 5-10　场景 1-1 人员疏散过程

a)90s　　b)150s　　c)225s　　d)280s

图 5-11　场景 1-2 人员疏散过程

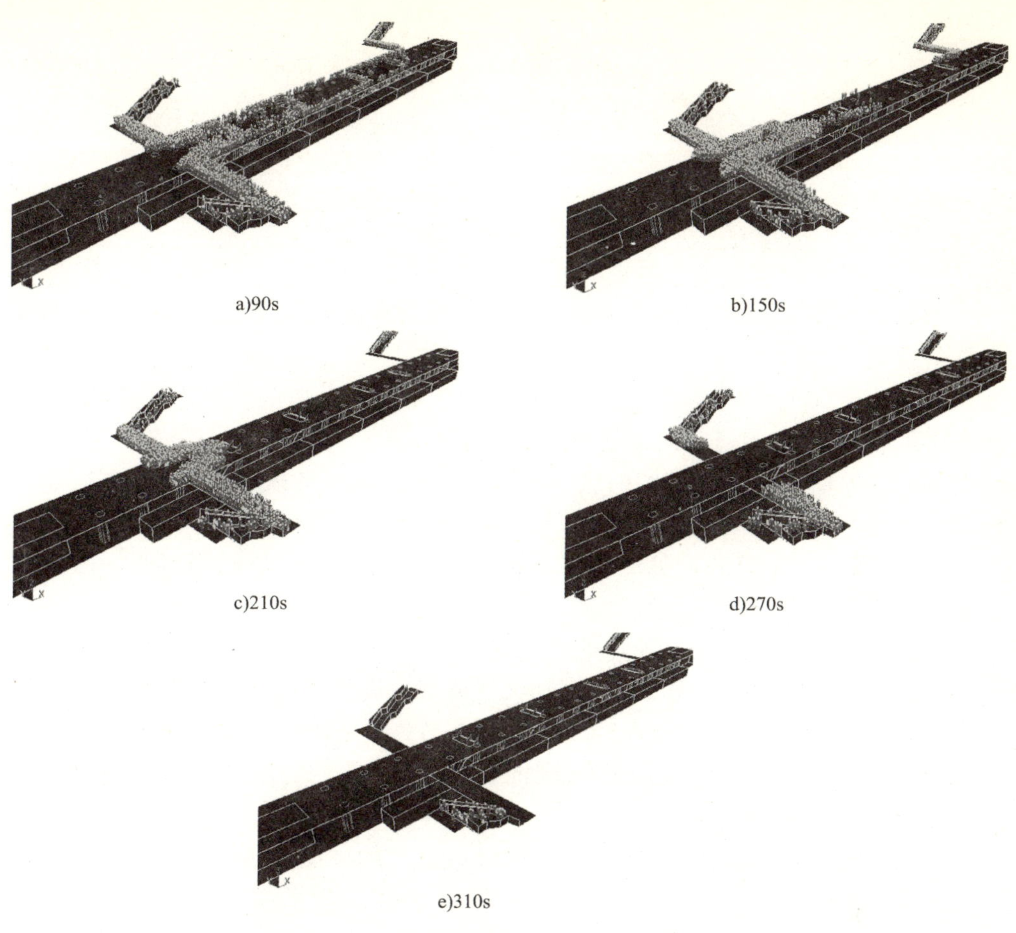

图 5-12 场景 1-3 人员疏散过程

表 5-4 为这 9 种情况下三个出口的通过人数，可以看出，当对 B 口熟悉程度为 67% 时，三个出口通过的人数基本能接近各占 1/3。也就是说，此种情况能够使得三个出口都得到比较接近的利用，这将有利于提高疏散效率，因此这样的熟悉程度下，整体疏散时间也最短。

对 B 口不同熟悉程度场景下的各出口使用情况 表 5-4

场景序号	A 出口		B 出口		C 出口	
	人数(人)	比例(%)	人数(人)	比例(%)	人数(人)	比例(%)
1-1	1185	30.5	1455	37.5	1240	32.0
1-2	1281	33.2	1273	32.8	1326	34.0
1-3	1425	36.7	978	25.2	1477	38.1
2-1	1165	30.0	1479	38.1	1236	31.9
2-2	1270	32.7	1328	34.2	1282	33.1

续上表

场景序号	A 出口		B 出口		C 出口	
	人数(人)	比例(%)	人数(人)	比例(%)	人数(人)	比例(%)
2-3	1433	36.9	1021	26.3	1426	36.8
3-1	1219	31.4	1384	35.7	1277	32.9
3-2	1300	33.5	1221	31.5	1359	35
3-3	1449	37.3	931	24.0	1500	38.7

图 5-10 ~ 图 5-12 给出的几个典型场景疏散过程的截图,能够更加直观地看到这样的现象。

当默认出口熟悉程度时,人群一开始主要根据出口距离的远近选择路线,在站厅上向东、西两个方向运动的人员数量大致相同,如图 5-10a)所示。但是当通往 B 口及其通道的拥堵不断严重的时候,也有少部分人员会考虑重新选择出口,如图 5-10b)中就有几个人在从 B 口队伍的后端掉转方向,往 A、C 出口方向运动。到 270s 时,A、C 两个出口的人员已经基本疏散完毕,而 B 口仍有相当可观的队伍在通道内等候,如图 5-10c)所示。

当人员对 B 口熟悉程度降低至 67% 时,从图 5-11a)可以明显看到站厅人员向西运动的人员比向东的要多。到 150s 时,还有部分人员考虑从 B 口队伍后端掉转方向选择 A、C 两个出口。当图 5-11c)的 225s 时,三个出口的队伍基本上同时完全走出站厅。由于 C 口的通道稍长,因此到 280s 时,只有 C 口楼梯还有少量人员正在走出车站,如图 5-11d)所示。

当人员对 B 口熟悉程度再降低至 50% 时,更多的人员到达站厅后倾向于选择向西运动,造成了 A、C 出口通道处的拥堵情况甚至要严重于 B 口通道,如图 5-12a)。从图 5-12b)还可以看到,在 B 口的队伍将要从站厅运动至通道的时候,还有少量人员由于对 B 口不熟悉而不愿在队伍后面长时间的等待而转头,这显然是不利于有效疏散的。当 210s 时,使用 B 口的人员已经基本疏散完毕,而 A、C 口还存在一定的拥堵现象,到 270s,人员才全部离开站厅,进入通道内。到 310s,C 口楼梯还有少量人员正在走出车站,如图 5-12e)所示。

5.3 地铁换乘车站人员应急疏散路线的优化设计

5.3.1 场景设计

1)地铁车站的布局和尺寸

某地铁换乘车站基本布局如图 5-13 所示,这种结构为换乘车站中典型的 T 型结构形式。建筑结构的主要尺寸见表 5-5。

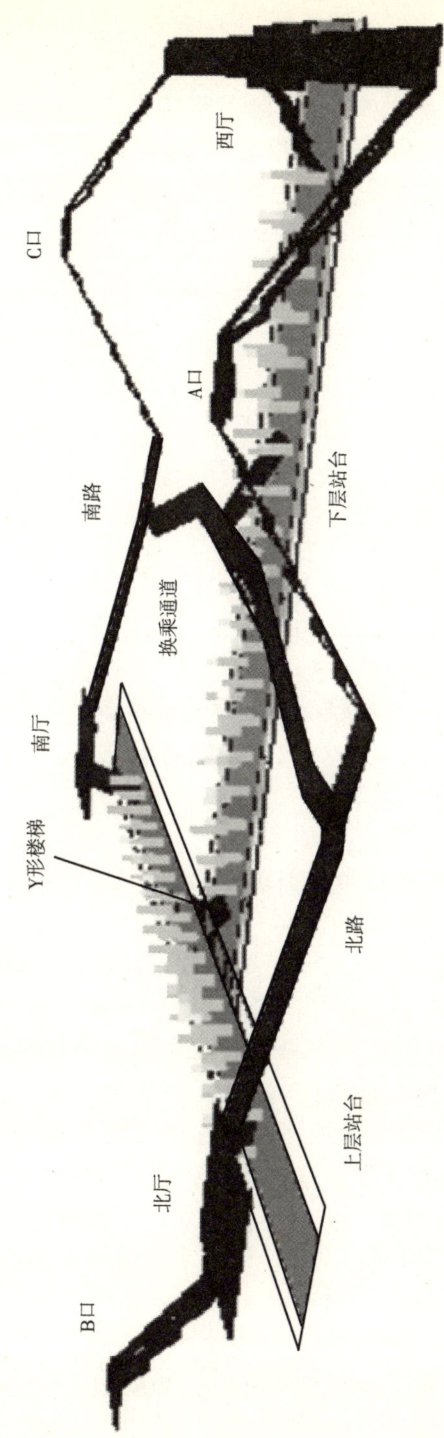

图 5-13 某换乘车站基本布局图

该车站为换乘站，上层为二号线车站，下层为一号线车站，站台均为岛式站台，两个站台呈 T 字形。上层车站为南北两端票厅式站厅，下层车站有西端票厅可以分别通到 A、C 出口。上层通过站台中央的 Y 形楼梯通向下层站台，下层通过站台中央的换乘通道，分别转到上层车站的南北票厅，再到达上层车站，或者通过换乘通道分别到达 A、C 出口。该车站共有三个出口，分别在西北、西南及东北方向。

某换乘车站主要建筑尺寸 表 5-5

项　　目	尺　寸(m)	
	上层	下层
地面至站台深度	12.1	15.8
进站口至站台实际距离(最长)	49.3	43.2
通道宽度	4	4
站台有效长度	120	120
站台宽度	11.2	11.2
站台至顶部距离	5.3	3.6
站两侧隧道口宽度	3.5	3.5
隧道内宽度	4.5	4.5

2)人员荷载设计

站台、票厅及车厢的人员荷载情况与前面的地铁车站相同，另外在换乘通道再设有 100 人。考虑发生事故后两列满载乘客的列车进站，需要通过车站让人员全部疏散这一情况，总人数则为 5520 人。

3)突发事故场景设计

不同的突发事故位置能够导致人员疏散通道产生障碍，从而改变人员疏散路线。可以设计如下几种事故场景：

(1)突发事故发生在上层站台中央。Y 形楼梯失效，上层站台人员分别向两端票厅移动。

(2)突发事故发生在下层站台中央。通过换乘通道的两座楼梯失效，下层站台人员分别向 Y 形楼梯和西厅移动。

(3)突发事故位置在下层站台西厅。通往西厅的楼梯失效，下层站台人员通过换乘通道或 Y 形楼梯向上疏散。

(4)突发事故位置在上层站台北厅。通往北厅的楼梯失效。

(5)突发事故位置在上层站台南厅。通往南厅的楼梯失效。

5.3.2 场景一(Y 形楼梯)

Y 形楼梯处一旦发生事故，如火灾、爆炸等，极易通过贯通上、下两层站台的楼梯影响整个换乘站，因此可能使得两条线路发生故障。下面分别对不同列车停靠方式的情况下的人员疏散过程进行分析。

图 5-14 给出了当下层站台停靠两列列车时 4 种不同人员对路线熟悉程度情况下的人员疏散过程。图 5-15 给出了 4 种情况下 A、B、C 各出口的使用情况。

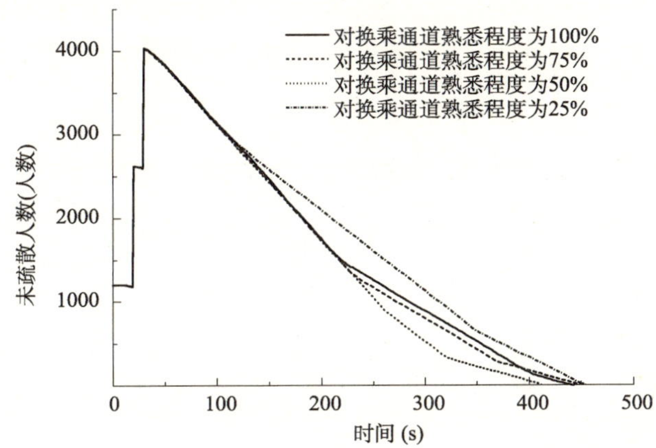

图 5-14　某换乘车站 Y 形楼梯发生事故下层两列列车停靠情况下人员疏散过程

可以看到,这几种情况的人员疏散总时间相差不大,这是由于下层人员荷载增加后,人员过多地使用西厅疏散后,又会造成换乘通道的利用不充分,从而延长了疏散时间。当人员对换乘通道的熟悉程度降至 25% 后,疏散时间反而略要长些,这从图 5-15d) 可以看出,A、C 两个出口使用人数相差比较大。图 5-16 给出的对换乘通道熟悉程度分别为 100% 和 50% 的疏散过程截图,可以看到,到疏散的后期,人群分别集中在换乘通道和西厅了。

图 5-17 给出了当上层站台停靠两列列车时,人员对路线熟悉程度不同的 4 种情况下的人员疏散过程。图 5-18 给出了 4 种情况下 A、B、C 各出口的使用情况。

当上层站台人员荷载大幅度增大后,使用南厅的人数明显增多,但通往南厅后只有 C 口可用,当不采取任何疏导措施后,人员按照默认情况疏散极易在换乘通道和南路交叉口发生拥堵,使得疏散时间显著增加。从图 5-18 就可以看到,C 口的使用时间要比其他两个出口明显延长。当封闭换乘通道后,下层站台人员仅使用西厅疏散,能够有效缓解拥堵,缩短疏散时间。如果进一步限制上层站台向南厅疏散的人数,减少南路的疏散压力,也能一定程度上缩短疏散时间。

图 5-19 给出了这四种情况下 A 口疏散完毕时,C 口的使用情况。可以明显看到,在默认情况下,当 A、B 出口都已经疏散完毕,C 口仍有非常严重的拥堵情况。而封闭换乘通道后,有助于避免南路至 C 口的交叉拥堵,而调整人员对南厅的熟悉程度,可以更进一步的缓解南路的疏散压力,队伍长度也随着人员对南路熟悉程度的降低而减短。尤其是当南厅熟悉程度降至 50% 后,A 口疏散完毕时,C 口也仅剩余少量人员,且人员已经接近出口。

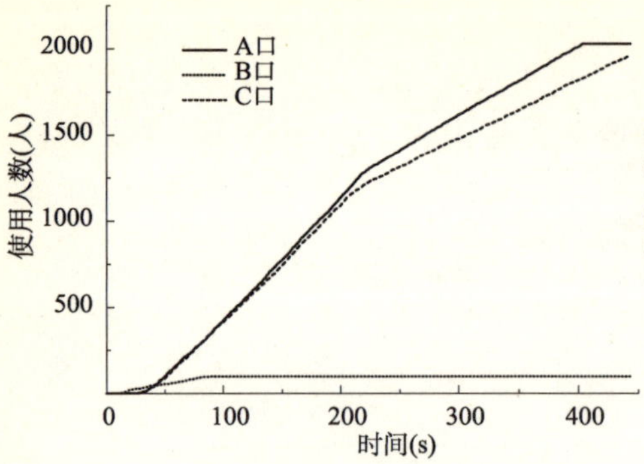

a)对换乘通道熟悉程度为100%

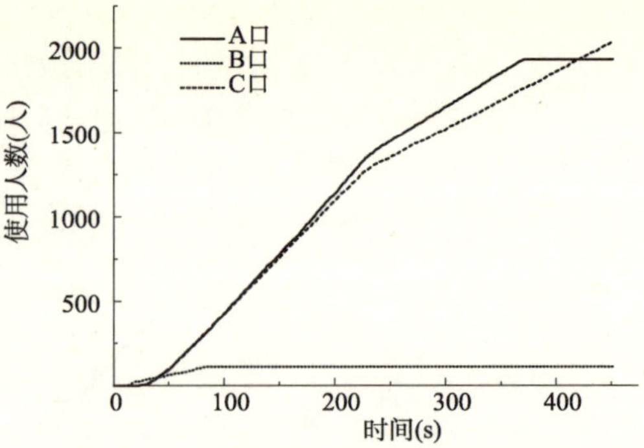

b)对换乘通道熟悉程度为75%

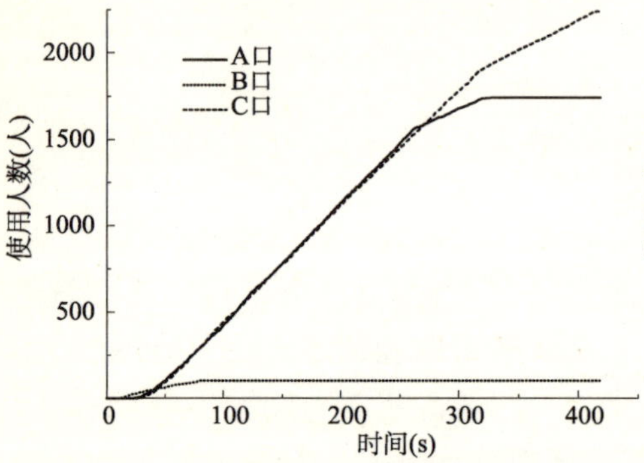

c)对换乘通道熟悉程度为50%

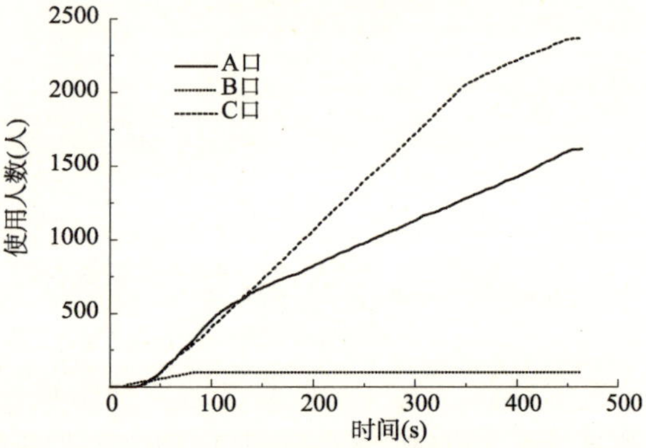

d)对换乘通道熟悉程度为25%

图 5-15　换成车站 Y 形楼梯发生事故下层两列列车停靠情况下各出口使用情况

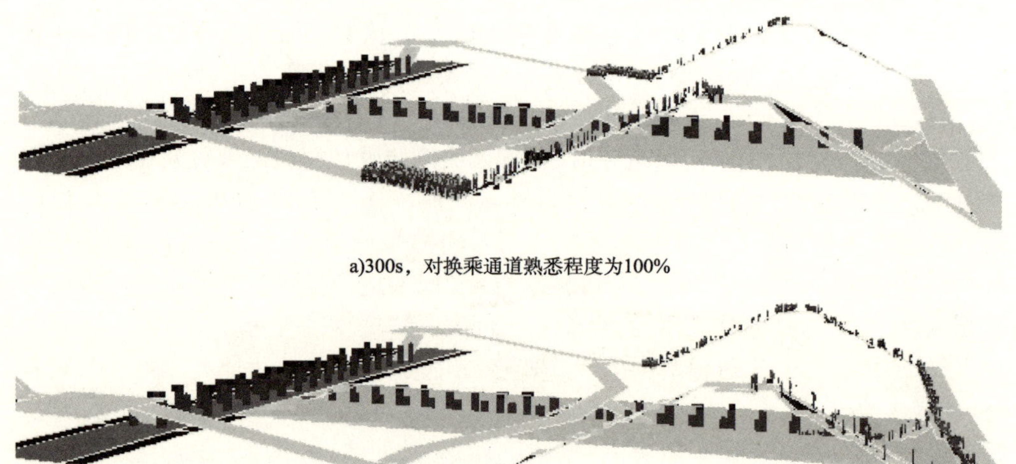

a)300s，对换乘通道熟悉程度为100%

b)300s，对换乘通道熟悉程度为25%

图 5-16　某换乘车站 Y 形楼梯发生事故下层两列列车停靠情况下疏散过程截图

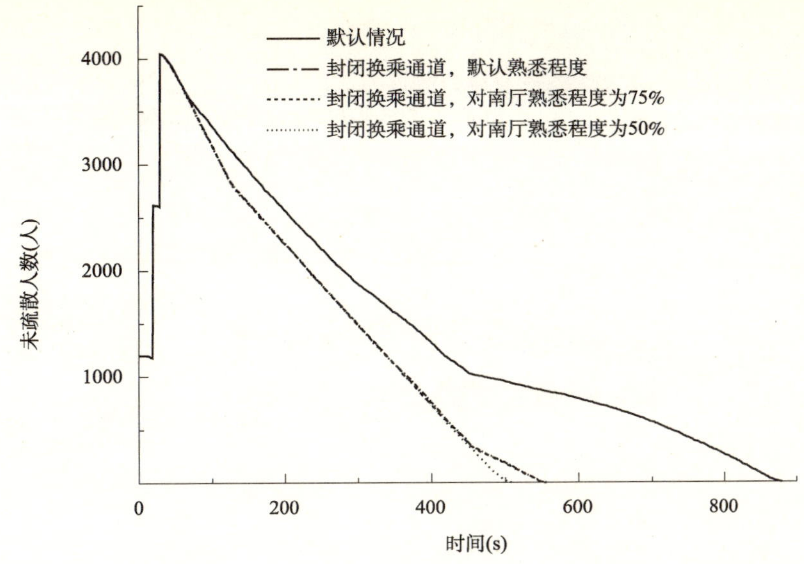

图 5-17　某换乘车站 Y 形楼梯发生事故上层两列列车停靠情况下人员疏散过程

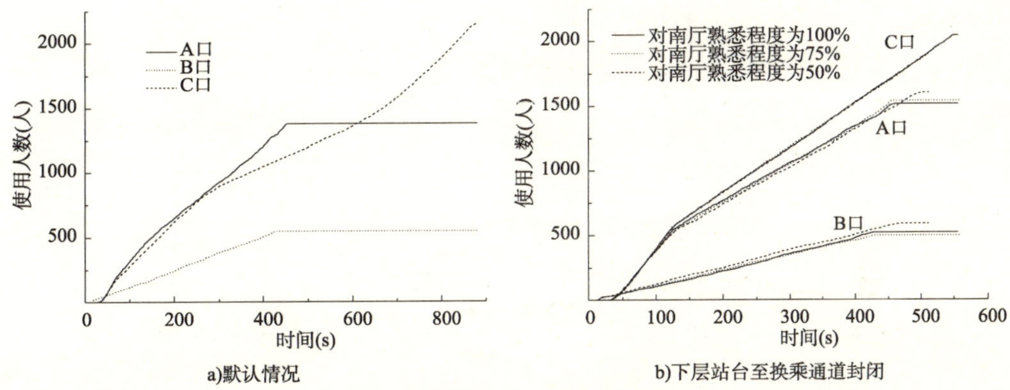

图 5-18　某换乘站 Y 形楼梯发生事故上层两列列车停靠情况下各出口使用情况

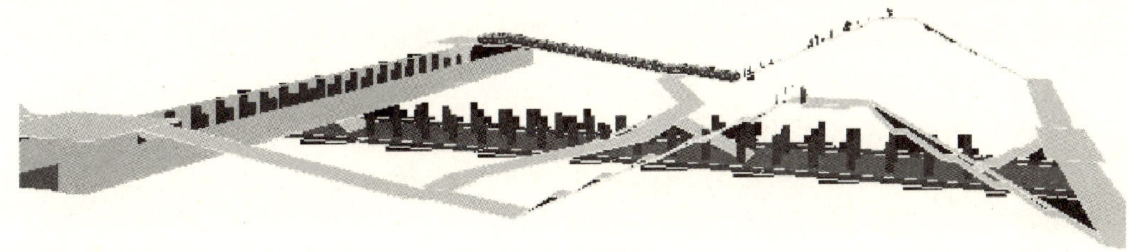

a)450s，默认情况

图　5-19

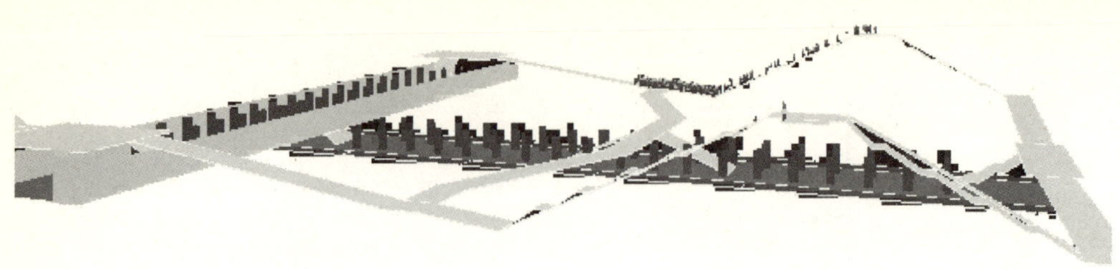

b)455s，下层站台至换乘通道封闭，对南厅熟悉程度100%

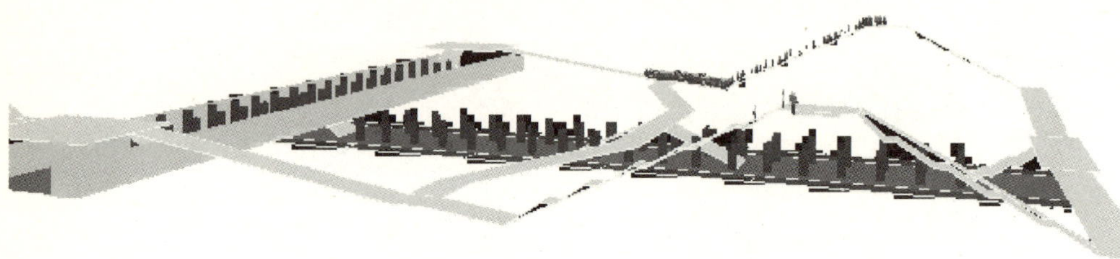

c)456s，下层站台至换乘通道封闭，对南厅熟悉程度75%

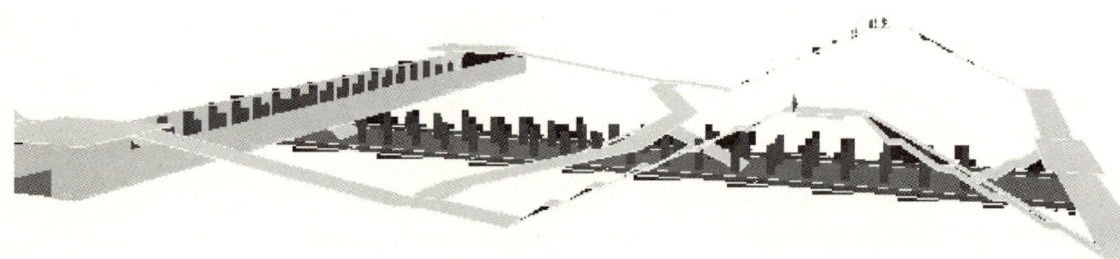

d)501s，下层站台至换乘通道封闭，对南厅熟悉程度50%

图 5-19　某换乘车站 Y 形楼梯发生事故上层两列列车停靠情况下疏散过程截图

5.3.3　场景二（下层站台）

该状态下事故发生地点的站台通往换乘通道楼梯不能使用。由于 Y 形楼梯结构复杂，需要经过一个楼梯台后再由分成两个方向的楼梯分别到达上层车站，因此其使用时间比站台—西厅楼梯要长许多，而且 Y 形楼梯的位置也使得下层站台与之距离较近的人员更多。因此，从使用人数上来看，也比站台—西厅楼梯的多，从而从总体效果上延长了疏散时间。

为了提高疏散效率，可以让更多的人员优先选择考虑通过西厅疏散。从图 5-20可以看出，当熟悉程度降至 25% 时，两个出口的使用时间才比较接近。究其原因，主要还是因为 Y 形楼梯结构复杂，存在两个平台—楼梯的过渡阶段，容易形成人员拥堵的瓶颈，从而导致整体人员流率较低。但是由于事故发生在下层站台中央，从实际情况来看，也很难让大多数人越过站台中央的事故区，经过西厅疏散，因此有必要加强 Y 形楼梯的疏散管理和引导。

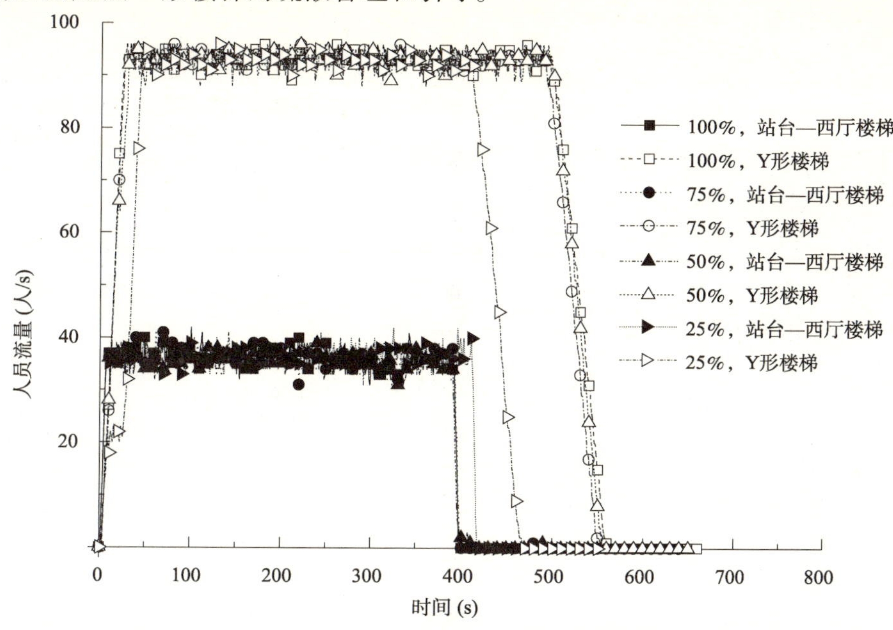

图 5-20 某换乘车站下层站台中央发生事故各种出口熟悉程度时疏散两端楼梯的使用情况

下层站台西端发生事故后，会造成通往西厅的楼梯不能使用。那么下层站台的人员将通过 Y 形楼梯和换乘通道进行疏散。虽然 Y 形楼梯的疏散效率较低，但由于换乘通道有两部楼梯可以使用，能吸引较多的人员通过这条路线疏散，因此两个路径的使用时间相差不大，尤其在人员荷载增加后，因而使得两条疏散路线都能保持较为充分的使用，如图 5-21 给出的该场景疏散过程视频截图。

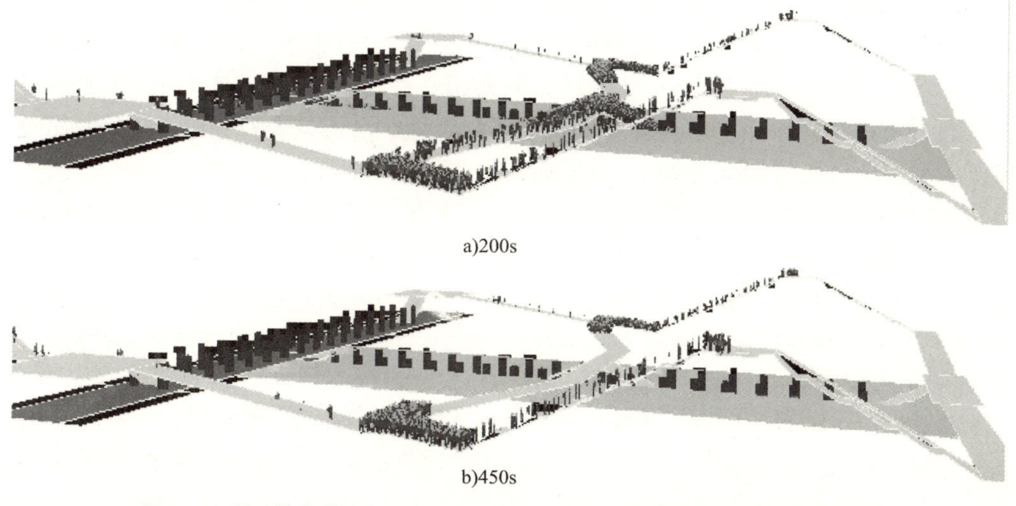

a)200s

b)450s

图 5-21 某地铁车站站台西端发生事故下层两列列车停靠情况下疏散过程截图

5.3.4　场景三（上层站台）

1）上层北厅发生事故

上层北厅发生事故后，上层站台的人员可以通过南厅或 Y 形楼梯进行疏散。由于人员通过 Y 形楼梯还需要进入下层站台后再经过较长的路径才能到达出口，而同时，Y 形楼梯处极易造成拥堵，因此，默认情况下人员的选择都是更倾向于先到达南厅后，再经由南路从 C 口疏散至地面。这样将会致使整体疏散时间相对较长。因此，有必要考虑一定的疏导措施以缩短疏散时间。图 5-22 就给出了改变人员对南厅疏散路线熟悉程度后的人员疏散过程。

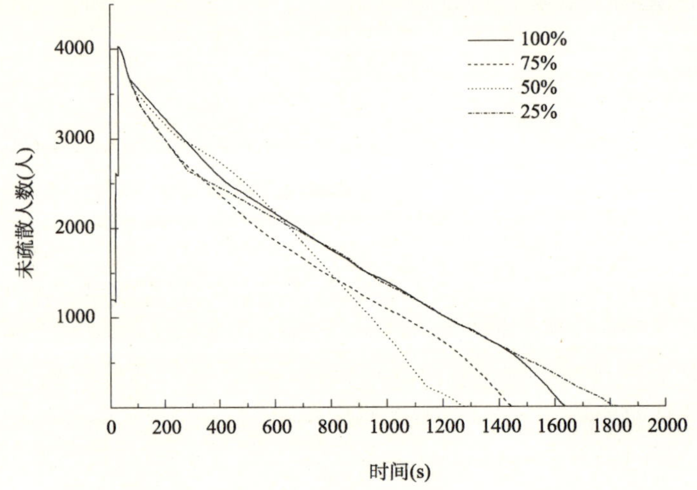

图 5-22　某地铁换乘车站上层北厅发生事故不同南厅熟悉程度的人员疏散过程

可以看到，适当地减少人员向南厅疏散的趋势，使得更多的人群通过 Y 形楼梯疏散，能够有助于缩短整体的疏散时间，但是由于 Y 形楼梯疏散能力有限，并且该路线上有两个楼梯—平台的过渡区域，极易形成瓶颈状态，因此过多的人员使用这条疏散路线，又会起到不利的作用，反而延长了疏散时间。

根据这样的模拟结果，为了避免不适当的人流分配措施，对于人员荷载过高的情况，有必要直接根据人员分布区域来进行疏导。通过标志指示、隔离设置等方式，以 Y 形楼梯的南侧出口为界，分界线南边的人员全部使用南厅疏散，而分界线以北的人员全部使用 Y 形楼梯。图 5-23 就给出了对两列列车靠站情况下这两种情况的人员疏散过程比较。

可以看到，采取这样的疏导措施后，能够缩短约 600s 的疏散时间。进一步从疏散过程的视频截图看，如图 5-24 所示，在默认情况下，人员在南路会形成非常严重的拥堵情况。

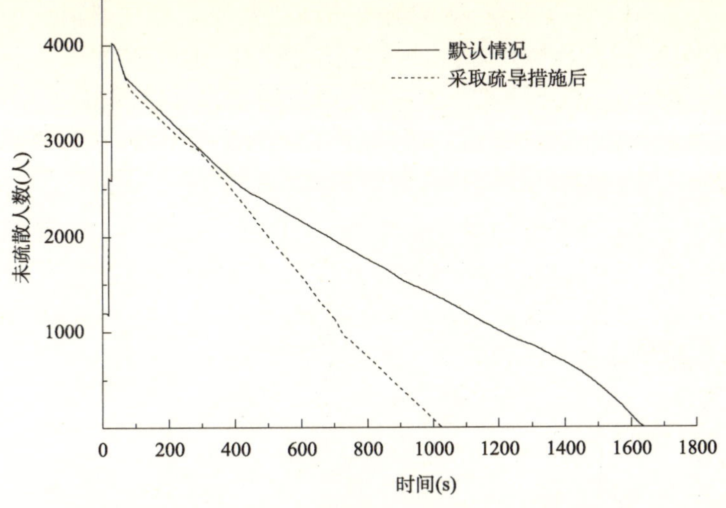

图 5-23　某地铁换乘车站上层北厅发生事故两列列车靠站不同疏导措施的人员疏散过程

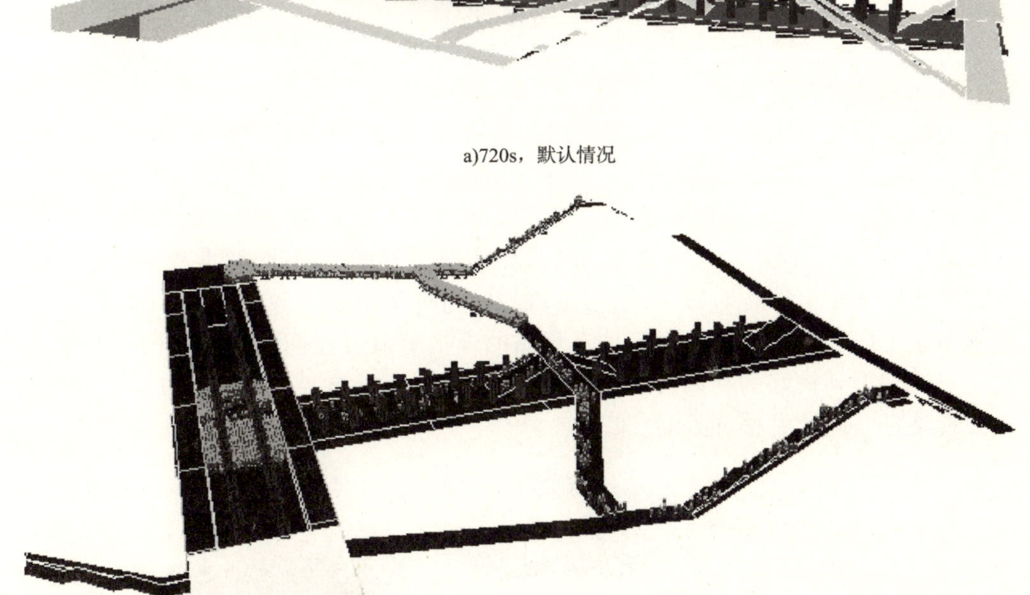

a)720s，默认情况

b)360s，上层站台采取隔离措施后

图 5-24　某地铁换乘车站上层北厅发生事故上层两列列车停靠情况下疏散过程截图

不过从图 5-24b)可以看到,换乘通道至南路的交叉口仍会形成人流交汇,影响了南路的疏散效率,也对整体的疏散时间不利,因此进一步采取措施,封闭换乘通道至南路的路线,使得人员到达换乘通道后,只能往北路疏散后从 A 口到达地面。图 5-25 所示为进一步采取疏导措施后的疏散过程曲线。可以看到,疏散时间能够降至 720s 左右,比默认情况下缩短了约 900s。

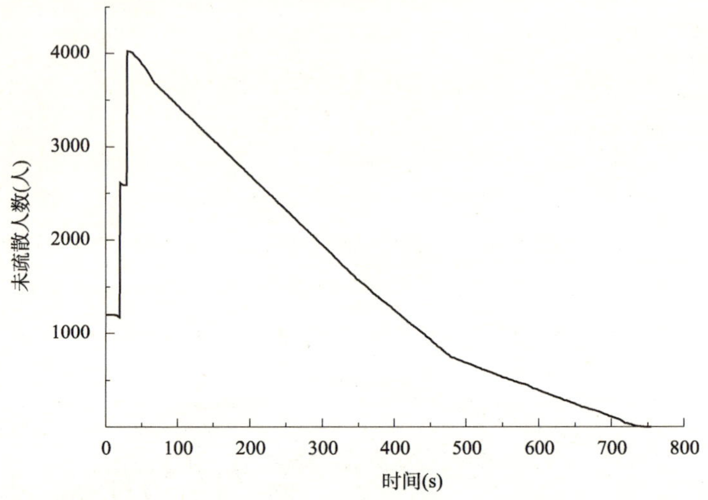

图 5-25 进一步采取疏导措施后的疏散过程曲线

2)上层南厅发生事故

上层南厅发生事故后,上层站台的人员可以通过北厅或 Y 形楼梯进行疏散。由于人员通过 Y 形楼梯还需要进入下层站台后再经过较长的路径才能到达出口,而同时,Y 形楼梯处极易造成拥堵,因此,默认情况下人员的选择都是更倾向于先到达北厅后,再经由 B 口或沿着北路从 C 口疏散至地面。因此,该事故场景的疏散压力比北厅发生事故相对较小,而且出口的使用时间也是大致相当的。图 5-26 为换乘车站上层南厅发生事故两列列车靠站的人员疏散过程截图,由图看到,两侧出口一直能够得到较好的利用,而与前面车站情况的分析类似,人员疏散的拥堵瓶颈主要在站台—北厅的楼梯处。

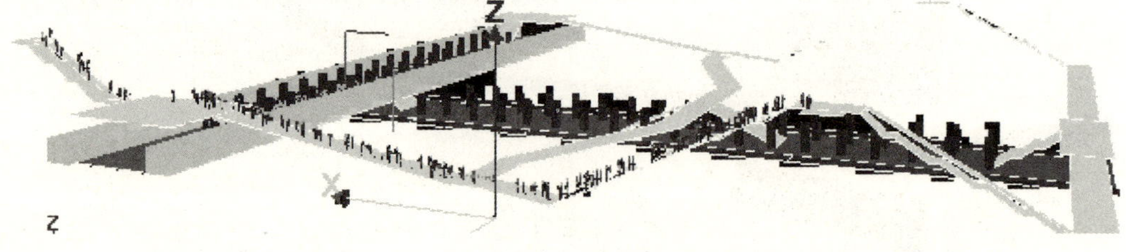

图 5-26 某地铁换乘车站上层南厅发生事故上层两列列车停靠情况下疏散过程截图

第6章 城市轨道交通防灾减灾分析

6.1 城市轨道交通防灾分析

6.1.1 城市轨道交通灾害致因分析

根据事故致因理论，为了对事故进行有效的控制，需要找出引发事故的各种原因。城市轨道交通是一个在时空上分布很广的开放动态系统，影响其运营安全的因素错综复杂，结合对国内外城市轨道交通系统所发生的事故案例进行的总结分析，可将城市轨道交通灾害的成因归结为三类：自然因素（地震、水灾等）、人为因素（安全意识不足、恐怖袭击等）、设备因素（设备老化、质量缺陷等）。影响城市轨道交通安全的致灾因素详见图6-1。

6.1.2 城市轨道交通防灾措施

作为现代化城市交通工具之一，城市轨道交通承担的大客流运输任务日益重要。地铁、轻轨车站及列车等人流密集的公众聚集场所一旦发生突发灾害事故，其社会影响力十分巨大，因此必须提高其安全程度，确保安全运营。

1）车站建筑防灾措施

从已进行的灾害因素分析来看，车站建筑在运营后所面临的安全问题主要是防火、防淹及战时出入口、战时风井等人防设施的防护问题，因此在设计中必须遵守相关的规范，满足一切防灾要求。

（1）建筑防火。

①车站站台层、站厅、出入口楼梯、疏散通道等乘客集散部位，其墙面、地面、顶面及其他部位的装修材料选择不当，可能会引发火灾事故。所以车站的站台、站厅、出入口楼梯、疏散通道、封闭楼梯间等乘客疏散部位，以及各设施、管理用房，其墙、地面及顶面的装修材料，以及广告灯箱、座椅、电话亭和售、检票等所用材料，应

采用阻燃材料，同时，装修材料不得采用石棉、玻璃纤维制品及塑料类制品。

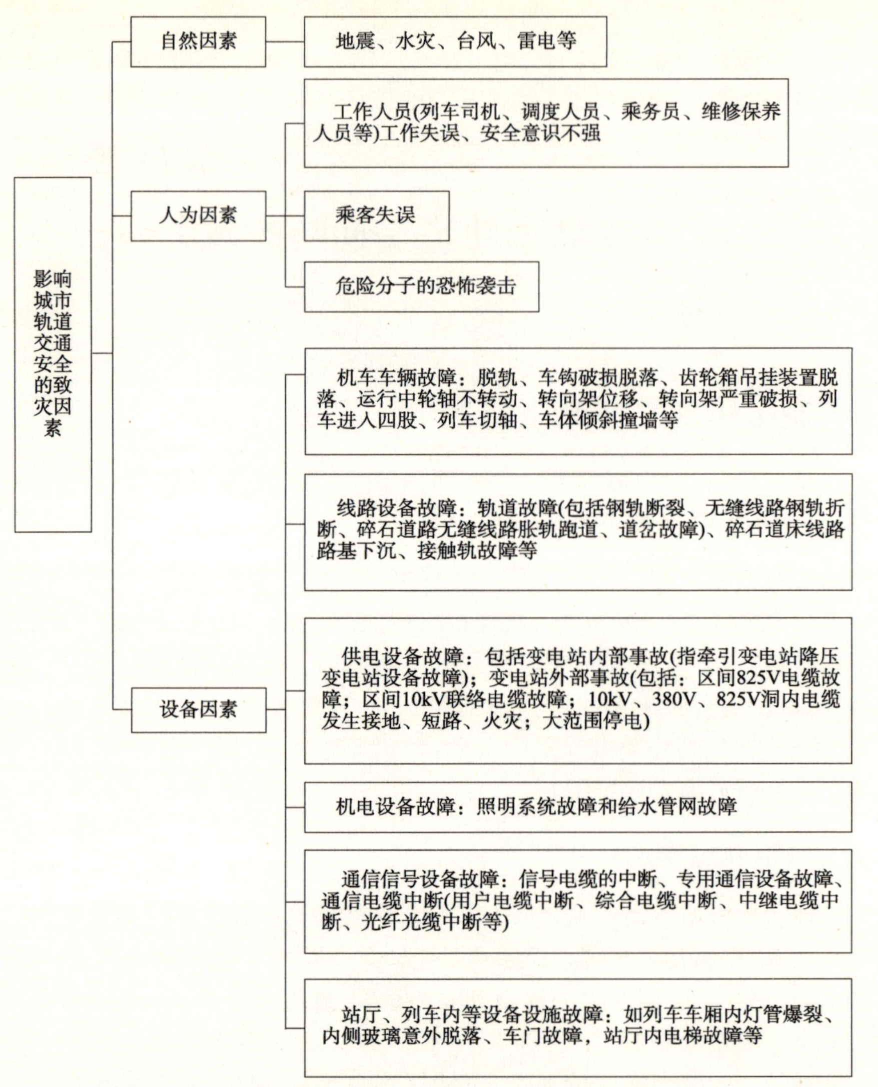

图6-1　影响城市轨道交通安全的致灾因素

②应严格相关规范要求，在每个车站设置防火分区，以便能有效控制事故发生后进一步扩大。地铁与商场等地下建筑物相连接时，相临建筑物火灾可能会引燃蔓延到地铁内部，必须采取防火分隔设施。

③突发事故下的人员疏散，对地铁、轻轨安全十分重要，安全出口设置不当会造成人员拥挤，引发意外事故，并且突发事故发生后，不利于事故救援和人员疏散，因此各个车站的安全疏散距离、安全出口数量、安全出口门、楼梯疏散通道的最小

净距必须满足规范要求，此外应设置足够有效的安全疏散指示标志。比如车站站台和站厅防火分区，其安全出口的数量不应少于两个；其他各防火分区安全出口的数量也不应少于两个，并应有一个安全出口直通外部空间，与相邻防火区连通的防火门可作为第二个安全出口；与车站相联开发的地下商场等公共场所，通向地面的安全出口应符合现行《建筑设计防火规范》(GB 50016—2014)的规定。出口楼梯和疏散通道的宽度，应保证在远期高峰小时客流量时发生火灾的情况下，360s 内将一列车乘客、站台上候车的乘客及工作人员全部撤离站台。否则在发生突发事故时可能造成高峰时的人员疏散困难。

④车站的地面用房及出入口、风亭等附属设施与相邻建筑的距离必须满足建筑防火规范的要求。风亭进、出风口与最近建筑物的直线距离不得小于 5m，否则周边建筑物发生火灾等事故时会影响地铁工程本身。

(2)建筑防淹。

设计时风亭进、排风口下沿以及能通至车站内的其他开口处均应考虑洪水位高度，必要时应加设防淹设施，防止暴雨、洪水对地铁工程的影响。

(3)人防设施的防护问题。

在设计时应考虑车站战时出入口、战时进风井，必须注意相邻建筑的倒塌问题，以防在战时状况下倒塌的建筑物影响地铁的正常使用。

2)车辆系统防灾措施

车辆作为轨道交通系统的载体，是与旅客接触最直接、接触面最广的设备，其安全可靠性应放在首位。

(1)车辆基地的大空间厂房，存在受到雷击的危险。由于直击雷放电、二次放电、球雷侵入、雷电流转化的高温、冲击电压击穿电气设备绝缘而短路，可能引起爆炸、火灾、事故停电或设备、设施的毁坏等危险事故的发生。

(2)车辆内应设置各种警告标识，包括司机室内的紧急制动装置、带电高压设备、消防设备及电器内的操作警示标识等，防止司机及乘客不小心或误操作引发的事故；列车具有在特殊情况下紧急疏散乘客的能力，即列车紧急疏散乘客时，要保证车门能打开，通道畅通，并设有必要的紧急照明、乘客上下车用的应急梯等，确保人员在紧急情况下能安全快速的撤离；车辆的各组成元、部件及其材质，应符合防火安全性的要求，车辆采用的所有材料都应满足阻燃，燃烧后低烟、低毒的排放要求，防止引发火灾事故；客室、司机室配置合适的灭火器具，安放位置应明显标识并便于取用，以便有效控制火灾事故的扩大。

3)供电系统防灾措施

主变电所消防贯彻“预防为主，防消结合”的原则，灭火系统以当地消防为主。主变电所主要设备间设置防火门。室内外电缆沟、室内电缆隧道、竖井内的电缆应配置热敏电缆感温报警信号装置，以便及早感知电缆过热，发出报警信号，防止火灾事故的发生。变电所蓄电池容易应满足交流停电情况下连续供电 2h 的要求。[《地铁设计规范》(GB50157—2013)第 15.2.18 条]。

4)通风、排烟系统防灾措施

通风系统由车站公共区通风系统、区间隧道通风系统以及设备管理用房通风空调系统组成。其中，车站公共区通风系统、区间隧道通风系统集成设置，通过运行模式的转化，可以实现车站与区间的开式运行、闭式运行、区间阻塞通风、区间火灾排烟和夜风通风。

(1)通风、排烟系统应具有下列功能：当区间隧道发生火灾时，应背着乘客主要疏散方向排烟，迎着乘客疏散方向送新风；当地下车站的站厅、站台发生火灾时应具备防烟、排烟和通风功能；当列车阻塞在区间隧道时，应对阻塞区间进行有效通风[《地铁设计规范》(GB50157—2013 第 28.4.7 条]。

(2)地铁的地下线部分是一个大型狭长的地下空间，仅有车站出入口、风亭、隧道、洞口等少数部位与地面大气相通。密集的乘客、高速运行的列车、各种机电设备的运行以及连续的照明都会产生很大热量，不及时有效的排除就会导致地铁地下线部分温度逐年上升和环境的恶化，应采用空调通风手段来保证乘客、工作人员以及机电设备的环境要求。

(3)通风系统管理上的缺陷，会妨碍通风系统的正常工作。(如对风亭、风道的行人出入口等方面的管理)

(4)如果通风排烟模式设计不合理，当地铁发生火灾时，积聚的高温浓烟很难自然排除，并迅速在地铁隧道，车站内蔓延，会给人员疏散和灭火抢险带来困难，严重威胁乘客、地铁职工和抢险救援人员的生命安全。

(5)对部分重要的设备用房如变电所等房间设置气体灭火设施，对于此类房间，送、排风口应设置电动风阀，火灾时关闭通风机及风口电动风阀；灭火后，开启相应的排风机排除该房间的废气，同时空调机组或送风机补风。

5)给、排水系统防灾措施

给、排水系统主要负责全线的给水、排水及消防(包括水消防和气体消防)设计。给、排水设计的主要目标是为了满足城市轨道交通全线建筑的用水要求，及时排除各类污、废水，保证运营安全。

(1)给、排水管道的防腐，存在被杂散电流腐蚀的危险性，绝缘效果不佳会发生泄漏现象。

(2)隧道内排水系统不完善，隧道防水设计等级过低，将会导致涝灾或地表水侵入。

(3)地面车站的地坪高度不能低于洪水设防要求。

(4)在设备运营阶段应注意对给排水管道及设备的维护和保养，对不经常启动的设备定期检修，以保证设备的正常运行，避免安全隐患的出现。

6）通信、信号系统防灾措施

通信、信号系统是指挥列车运行、进行运营管理、公务联络和传递各种信息的重要手段。为确保列车高效、安全的运营，并能可靠传递语言、文字、数据、图像以及计算机网络等各种信息，必须建立一个高可靠性、易扩充、组网灵活的综合数字网。作为现代大运量城市轨道交通自动控制系统中的重要部分，通信、信号系统应具有保证列车和乘客的安全，实现列车快速、高密度、有序运行的功能，应具有安全性和高可靠性。

通信、信号系统的电源发生故障或通信设备本身发生故障等问题时，就不能保证各种行车信息及控制信息不间断地可靠传输，从而引发事故。因此应采取严格的机房管理、交接班管理、技术培训措施，来保证设备的安全性。

7）防灾报警系统防灾措施

为了保证城市轨道交通的安全运行，应具备监测及自动报警系统 FAS（Fire Alarm System）。FAS 对于确保城市轨道交通的安全以及正常运营，具有极其重要的作用，成为各系统中不可缺少的重要组成部分。受 FAS 系统保护的具体对象是全线车站、主变电所、车辆段及通信信号楼。FAS 系统必须是一个高度可靠的系统，接线简单，组网灵活，容易维修和扩展。控制中心应有全线示意图，能监控全线的报警情况。

FAS 系统负责对与城市轨道交通运营有关的建筑及设施进行火灾监测与报警；接受车站及区间的危险水位信号；接受地震预报信息；控制防灾设备的运行，及时排除灾害；组织指挥抢险救援工作。这是城市轨道交通系统安全保证设施的关键部分，其设置的不完善将引起重大事故的发生，因此其技术方案的选择及设备设施的选择应慎之再慎，为确保系统的安全运营，应做到设备质量高，性能稳定；安全管理制度落实到位；供电、接地及防雷措施等符合规范；操作人员操作合格。

8）危险源控制

（1）车站内应严格控制可燃材料，车站建筑装修材料和列车车厢内装饰材料的选用应符合相关的设计规范。车站站厅乘客疏散区、站台及疏散通道内不得设置商业经营场所。车站站厅内严格按相关消防安全技术规范限制商业经营场所占用面积的比率和数量，并加强消防安全管理。车站站厅、站台、列车车厢和管理用房内的垃圾应及时清理，可燃垃圾堆积时间不应超过一昼夜。车站站厅、站台、列车车厢、管理用房和隧道内严禁吸烟。在车站站厅、站台、列车车厢、管理用房内应张贴写有“严禁吸烟”的标志。车站站厅、站台、列车车厢、管理用房和隧道内严禁使用明火，必须使用明火作业时，应在动火前按程序申报并采取必要的消防监护措施。车站站厅、站台、列车车厢、管理用房和隧道内严禁使用燃气，工程作业中必须使用燃气设备时,应按程序申报并采取必要的消防监护措施。车站站厅、站台、列车车厢和管理用房内不得采用明火、电炉和电热采暖器采暖,采暖散热器表面平均温度不应超过80℃。

(2)电气火源控制。机电设备设施中的变压器、带油电气设备应定期巡检和维护。各级配电设备应安装完善的过负荷、漏电、欠压、过压等保护电路和报警装置,各类电气设备应加装防止打火、短路的装置。定期对运行车辆上的电气设备、电气线路进行检查维修,及时清除列车运行线路上的导电体,防止受流器、电缆电线短路放弧引起列车火灾。

(3)用油系统控制。城市轨道交通中的用油系统应按操作规程操作,并应定期巡检和维护。废油应密闭在专用的防火容器内并及时清运出去,溅洒在地板上的油应及时清理干净,防止废油流入下水道。

(4)易燃易爆化学危险品控制。车站入口处应张贴有劝阻乘客携带易燃易爆化学危险品进入车站内或乘坐列车的警告标识。工作人员对发现有携带易燃易爆化学危险品的乘客,应责令其出站。工作人员因工作需要携带时,应按程序申报并采取必要的消防监护措施。易燃易爆化学危险品的携带、使用和剩余用量应采取严格的登记制度。工作人员因工作需要携带的易燃易爆化学危险品应与乘客分开进出车站和乘坐专用列车。对于车站内无主或无人认领的包裹、行李应立即转移至远离乘客的安全区域。

6.2 城市轨道交通减灾分析

城市轨道交通减灾分析主要是通过构建应急响应程序,编制应急救援预案以及制定紧急状态下的应对措施,以达到一旦灾害事故发生,能够为现场人员提供明确的行动指南,使其在各种灾难事故发生后,能够从容、迅速、有效的应对处理,从而减少人员伤亡经济损失。

6.2.1 城市轨道交通应急响应程序

1)减灾应急响应工作流程

城市轨道交通减灾应急响应工作流程包括实时监测、预警、启动、处置和恢复重建。

(1)实时监测。是城市轨道交通减灾应急响应的第一步。

(2)预警。是在对突发事件征兆进行监测、诊断的前提下,进行确定性分析和评价并及时报警。

(3)启动。预警信号一旦发出,即进入启动阶段,系统切换到战时状态,相应人员开始联动，指挥机构根据对突发事件的分级，从预案库中快速搜索匹配的应急救援预案并通知相关机构开展工作。

(4)处置。城市轨道交通减灾应急响应系统根据指令，执行预案，迅速组织人力、物力，动用各类资源对突发事件进行处置，同时及时预测、评估预案处置效果，并根据应对效果，动态调整预案。

(5)恢复重建。事件处理完毕后，城市轨道交通减灾应急响应系统切换到平时状态，对行动中出现的问题及时总结，改进、更新预案库，对动用的社会资源进行协调和善后处理。

2)应急管理中的分级

纵观国内外地铁、轻轨典型事故案例，大多数突发事件处理不力的主要原因之一就在于不能快速有效地识别灾情级别，导致处置方案的选择出现偏差，资源调配不当，延误救援时机。因此合理划分突发事件的级别是城市轨道交通减灾应急响应系统的关键。

考虑到通常城市地铁、轻轨运营事故处理规则中对于事故的分级是基于问责制而划分的，而城市轨道交通减灾应急响应系统中对突发事件的分级，是为了通过对事件机理的分析，迅速制定相应的预案，科学的配备应急救援人员、设备和资源。因此，将城市轨道交通突发事件划分为如下的三级。

(1)一级突发事件(就地级)：能被一个部门正常可利用的资源(指该部门日常工作中可以响应的人力、物力)处理的意外事件。

(2)二级突发事件(车站级)：需要两个或者更多的部门响应的意外事件，或是需要城市轨道运营有限公司以外的机构做出响应给予援助的事件。

(3)三级突发事件(公司级)：需要利用城市轨道运营有限公司所有部门和一切资源，以及属地政府管理部门响应的意外事件。

由于突发事件处于不断的动态变化中，随着时间的推移，突发事件的影响程度及范围会不断改变，相关信息从不完全到完全，因此，其分级具有较强的时效性，在实际工作中，应不断更新、修正突发事件的级别与状态，为其后决策的制定与调整提供准确的信息。

3)应急响应系统

城市轨道交通减灾应急响应系统由指挥调度子系统、处置实施子系统和资源保障子系统构成。其中指挥调度子系统由城市轨道交通运营单位领导及控制中心相关人员组成，发生灾害事故时，负责总体指挥工作，确定、启动相应应急救援预案；处置实施子系统负责执行指挥调度子系统的指示，正确实施应急预案，按照安全、准确、有序、高效的原则，做好现场应急救援工作；资源保障子系统则需根据应急救援工作的需要，及时提供所需物资。

4) 应急响应组织

(1) 第一响应者。

突发事件、灾难发生时，第一响应者首先做出反应是至关重要的。第一响应者通常为事故现场最先发现突发事件的工作人员，其具有报警的职责。

(2) 最初的应急响应组织。

及时正确的最初应急反应行动可以在事故升级前极大的降低灾害事故的后果，一天中的每时每刻都可能发生事故，应急响应组织必须保证在任何时刻接到报警后能够立即行动。最初协调应急行动的责任一般由就地级指挥调度系统负责，并立即执行对应级别、对应类型的突发事故应急救援预案，直到更高级的指挥调度系统确定突发事件的级别后，确需进行更高级别的响应时为止（仅对影响地铁、轻轨系统运营的突发事件而言，不影响地铁、轻轨系统运营的突发事件仅进行就地级的应急响应）。

(3) 不同层次的应急响应组织。

根据应急响应分级的原则，不同级别的突发事件，其对应的应急响应机构亦有所不同，根据地铁、轻轨突发事件的分级特点，将应急响应组织对应划分为公司级应急组织、车站级应急组织以及就地级应急组织。不同级别的应急响应组织分别对应各自级别的指挥调度系统、处置实施系统、资源保障系统。

5) 报告报警流程

(1) 现场报告。

①在运营线路上发生突发事件时，车站行车值班员（简称值班员）、列车乘务员或其他相关人员应认真确认现场情况，迅速、准确地报告行车调度员（简称行调）。若不能及时报告行调，应就近向值班员报告，由值班员转报行调。

②车辆、设备发生故障时，现场人员应立即报告行调或电力调度员(简称电调)。

③发生火灾，现场人员在积极扑救的同时，报告辖区公交总队派出所及119火警，并报告行调。

④发生毒气袭击事件时，车站要迅速将人员受到侵害的数量、程度、症状及已知的可疑人、物和其他情况，向行调和辖区公安派出所报告。列车乘务员要迅速将人员受到侵害的数量、程度、症状及已知的可疑人、物和其他情况，向行调报告。

⑤发生爆炸案件和地外伤害事件及运营设施、物品被盗时，有关人员除向行调报告外，也应立即向辖区公交总队派出所报告。

⑥电调接到设备故障影响或危及运营的报告以及发现设备故障影响或危及运营的情况时，要立即向总调度室（简称总调）报告，同时通报行调。

⑦突发事件因现场一时难以判断清楚，可先报现场情况，而后继续确认，随时报告。如发现报告内容有误时，应立即给予更正。

⑧在各单位厂(场)区管辖内发生突发事件时,相关人员要立即报告本单位生产调度室,由生产调度室报告总调。

(2)行调、电调及各单位生产调度室的报告。

①行调、电调及各单位生产调度室接到现场情况报告时,要问清现场情况并立即向总调报告。

②行调、电调及各单位生产调度室发现在运营时间内发生人员伤亡或由于各种原因造成正线堵塞、列车大面积晚点时,应立即将具体情况报总调。

(3)总调度室的报告。

①地铁、轻轨运营线或车场内发生对运营产生重大影响的列车冲突、列车脱轨、轨道断轨、火灾、水灾、爆炸、毒气袭击、设备物品侵入界限造成运输设备损坏、中断运行等短时间难以恢复的突发事件时,应立即报告公司领导并通知相关部室和有关单位。

②在运营时间内因车辆故障、设备故障、接触轨停电或其他原因造成中断运营或正线堵塞 5min 及其以上时,应根据产生影响的情况报告有关领导并通知相关部室和有关单位。

③因施工未能按时完成、设备损坏或其他原因造成车站不能按时开门售票进行正常运营时,应根据事件的发展情况或影响时间报告公司领导,并通知相关部室和有关单位。

(4)突发事件报告程序流程图。

①运营时间内发生中断正线运行短时间难以恢复的突发事件时的报告程序见图 6-2。

②运营时间内发生中断正线运行或堵塞行车 5min 及其以上时的报告程序见图 6-3。

③非运营时间内发生故障或事件,影响按时营运的报告程序见图 6-4。

6)处置实施流程

(1)部门组织流程。主要明确突发事件发生后,针对不同类别的事故,各响应部门响应人员的职责和响应流程。

(2)人员疏散流程。主要明确从事故区到安全区的逃生路线,发生事故时,人员是否能够安全逃生,是最重要的问题。

(3)设备动作流程。主要明确突发事件发生后,针对不同类别的事故,各种防灾应急响应设备的动作流程。

7)相关部门、机构的支持

(1)医疗救援。由医院、急救中心等组织设立现场医疗急救站对伤员进行现场分类和急救处理,及时合理转送医院治疗并对现场救援人员进行医学监护。

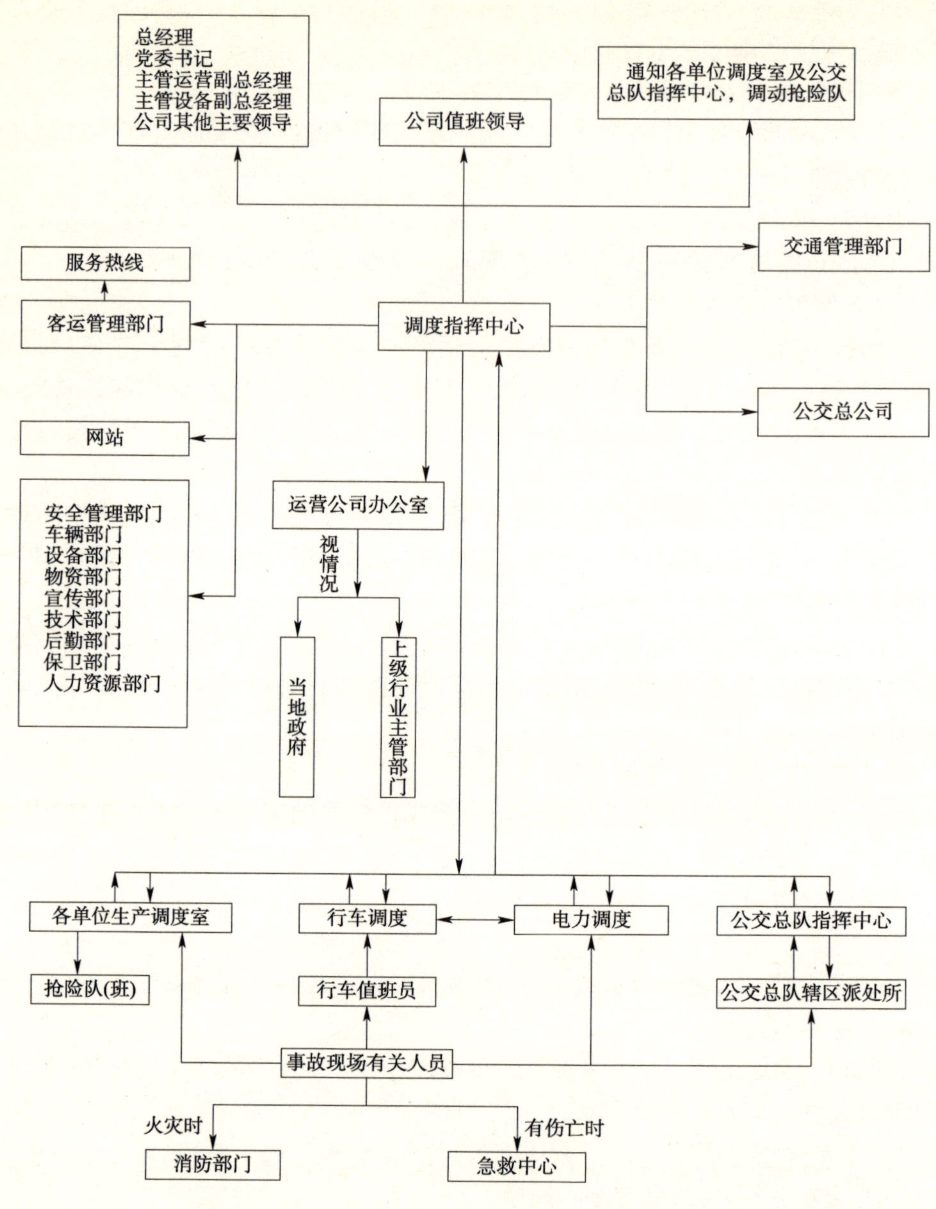

图 6-2　运营时间内发生中断正线运行短时间难以恢复的突发事件时的报告程序

(2)警戒与交通管制。当发生重大事故时,通常由公安部门、武警、军队等主要负责事故危害区外围的交通路口,对其实施定向、定时封锁,阻止事故危害区外的公众进入;指挥、调度进出事故危害区的人员和车辆顺利通过通道,及时疏散交通阻塞;对重要目标进行保护,维护社会治安。

（3）交通协助。通过总调向公交集团发出请求，及时增派公交车辆，缓解由于地铁、轻轨事故对城市交通造成的影响，及时疏运地铁、轻轨附近滞留的乘客。

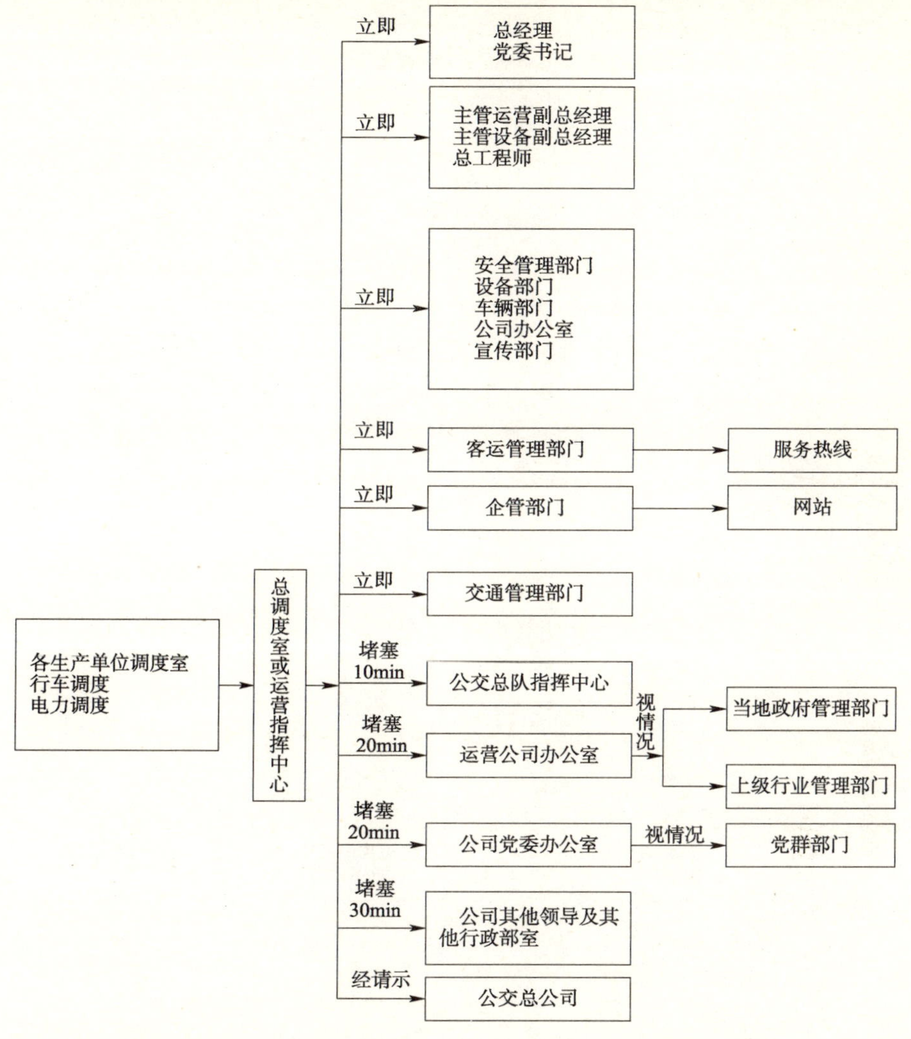

图6-3　运营时间内发生中断正线运行或堵塞行车300s及其以上时的报告程序

（4）政府协调。根据现场情况提出市政电力、管网等其他部门协调、协助的需要，由总调负责与政府相关部门的协调。

8）善后恢复程序

对事故现场车辆、设备等相关物证进行必要保留提取后，迅速进行系统调零、设备抢修和车辆调度，尽可能在最短的时间恢复城市轨道交通的运营。

（1）事故原因调查。成立事故调查组，通过现场勘察，数据整理，分析事故的直接原因、间接原因，对相关人员的责任进行认定，提出调查结果和整改措施等。

（2）损失评价。由相关部门组成事故调查组，核定事故损失，包括伤亡损失情况、车辆设备损失情况等。

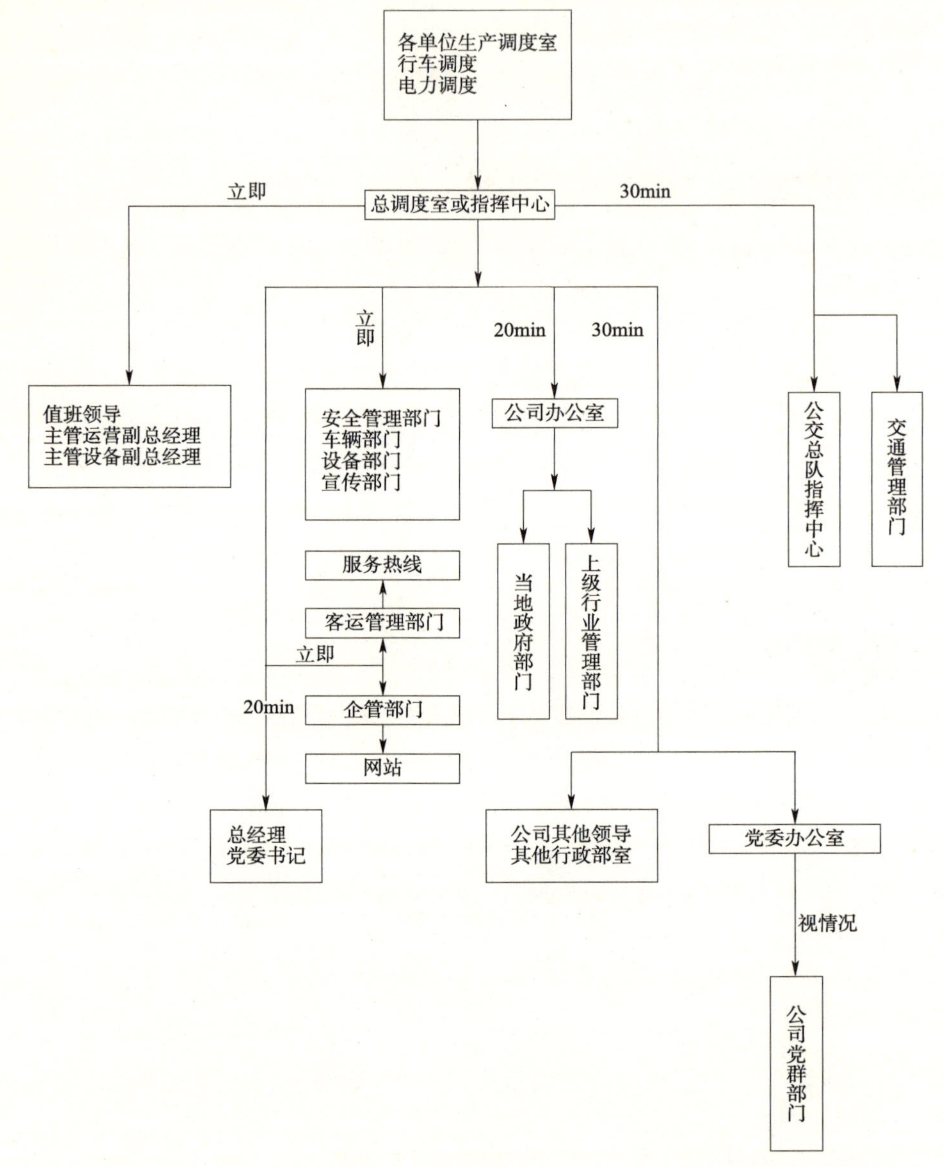

图 6-4　非运营时间内发生故障或事件影响按时营运的报告程序

（3）事故现场净化。在保证地铁、轻轨恢复运行和事故调查的情况下，由地铁、轻轨部门对灾后环境清理净化。

（4）恢复运营。根据现场情况制定出具体的恢复运营方案，进行系统归零、运营模式正常化等。

(5)善后赔偿。按照国家有关规定，由政府相关部门、保险公司和地铁、轻轨公司共同协商处理伤亡人员的善后、抚恤和赔付事宜。依法对启用或者征用的安置场所、应急物资的所有人给予适当补偿。

(6)经验总结。事故调查组撰写事故调查报告，报送相关部门，总结教训，改进工作，提高事故应急能力。

6.2.2 城市轨道交通减灾应急预案

鉴于地铁、轻轨运营环境的特点，灾害事故发生的危险性较高，并会造成重大的经济损失和人员伤亡，影响社会稳定。因而，如能有效地实施应急救援，则可尽快控制灾害事故的扩展，最大程度的降低灾害事故可能产生的后果。

应急救援工作作为公共安全系统的重要环节，其重要性日益突出。其准备工作的核心内容之一就是编制各级城市轨道交通灾害事故应急救援预案。通过预案演习，持续改进，不断修订完善应急预案，将预案真正落到实处，从而提高应急救援能力，防患于未然，确保人民生命财产的安全。

1)应急预案框架组成及其基本内容

灾害事故应急救援预案又可称作应急预案或应急计划，是针对可能的重大事故(件)或灾害，为保证迅速、有序、有效的开展应急与救援行动、降低灾害事故损失而预先制定的有关计划或方案。它是在辨识和评估潜在的重大危险、灾害事故类型、发生的可能性、发生过程、灾害事故后果及影响严重程度的基础上，对应急机构与职责、人员、技术、装备、设施(备)、物资、救援行动及其指挥与协调等方面预先做出的具体安排。

应急预案的目的主要有两个，其一是使任何可能发生的紧急事件(情况)局部化，如有可能予以消除；其二是减少灾害事故造成的人员伤亡和财产损失以及对环境产生的不利影响。

城市轨道交通应急预案的框架组成可分为基本预案、专项预案、功能附件和支持附件四部分。

(1)基本预案。

基本预案是应急组织和方针的总体描述，指明了应急组织机构的职责及应急行动的总体思路。明确各应急组织在应急准备和应急行动中的职责，是城市轨道交通紧急情况发生时应急救援工作的基础。通常包括以下内容：

预案发布令；

应急机构署名页；

术语与定义；

方针与原则；

危险分析与环境综述；

应急资源；

机构与职责；

教育、培训与演练；

与城市其他应急预案的关系；

互助协议；

预案管理。

（2）专项预案。

由于地铁、轻轨可能面临多种类型的突发灾害事故，因此针对不同灾害事故的特点，制定具有针对性的专项应急预案。

专项预案是在基本预案的基础上充分考虑了某些特定危险的具体情况，明确了相应职能部门的责任，对相应的应急功能的特殊要求和规定进行具体的补充，是基本预案的附录，是综合预案的一个必要组成部分。

（3）功能附件。

应急功能附件是对各类灾害事故应急救援中通常都要采取的一系列基本的应急行动和任务而编写的计划，如指挥和控制、通讯、人群疏散等，其着眼于对突发灾害事故响应时所要实施的紧急任务。由于功能附件是围绕应急行动的，因此它们的主要对象是那些任务执行机构。应急预案中包含的功能附件的个数和类型主要取决城市轨道交通潜在的各种事故危险类型，以及应急组织方式和运行机制等具体情况。

功能附件一般不重复基本预案中已有的信息，通常包括以下几方面的内容：

接警与通知；

指挥与控制；

警报与紧急公告；

通信；

事态监测与评估；

警戒与治安；

人群疏散；

人群安置；

医疗与卫生；

公共关系；

应急人员安全；

消防和抢险；

泄漏物控制；

现场恢复。

(4)支持附件。

主要包括应急救援的有关保障系统的描述及附图表。应急预案中可能用到的附图表包括：

重大危险源登记表,分布图；

重大危害影响范围预测图；

应急机构、人员通信联络一览表；

外部机构通信联络一览表；

作战指挥图；

消防队等应急力量一览表、分布图；

医院、急救中心一览表；

消防栓、水源分布图；

应急设备、物资一览表；

疏散路线图；

警报系统分布及覆盖范围图；

重要防护目标一览表、分布图；

电视台、广播电台等新闻媒体联络一览表；

应急专家名录；

应急物资供应企业名录；

蔽护及安置场所一览表、分布图。

2)灾害事故应急预案的编制

应急预案的编制过程可分为6个步骤:成立预案编制小组;查阅相关资料;危险分析和应急能力评估;应急预案的编写,应急预案的评审与发布;应急预案的实施。

(1)成立预案编制小组。

灾害事故的应急救援行动涉及来自不同部门、不同专业领域的应急各方,而且需要应急各方在相互信任、相互了解的基础上进行密切的配合和相互协调,因此,仅仅由某个人或某个部门编制的应急预案是不实用的。应急预案的成功编制需要各个有关职能部门的积极参与,尤其是应寻求与危险直接相关的各方进行合作,这将有利于应急预案的编制,使预案更实用、更有效。成立预案编制小组是将各有关职能部门、各类专业技术有效结合起来的最佳方式,可有效地保证应急预案的准确性和完整性,而且为应急各方提供了一个非常重要的协作与交流机会,有利于统一应急各方的不同观点和意见。

预案编制小组成员一般应包括：意见管理部门行政负责人，消防、公安、环保、卫生、市政、医院、医疗急救、卫生防疫、邮电、交通和运输管理部门、技术专家、广播、电视等新闻媒体、法律顾问、有关企业以及政府应急机构代表等。预案编制小组的成员确定后，必须确定小组领导，来推动、领导和管理整个预案的编制工作。

(2)相关资料查阅。

在应急预案编制工作开展之前，首先应收集和参阅现有的应急预案，查阅相关资料。以便使预案编制工作可以基于现有的应急预案和有关材料，或对其进行修订，以最大程度的减少工作量。同时，应确保与其他相关应急预案的协调和一致性。应尽可能地通过现有的应急预案来满足要求，以避免应急预案的重复。

(3)危险性分析和应急能力评估。

危险分析是应急预案编制的基础和关键。危险分析包括危险识别、脆弱性分析和风险分析。危险分析的结果不仅有助于确定需要重点考虑的危险，提供划分预案编制优先级的依据，而且也为应急预案的编制、应急准备和应急响应提供必要的信息和资料。对城市轨道交通而言，调查所有的危险，对其脆弱性和风险进行详细的分析是不可能的，因此，仅对主要危险进行调查才是必要的，此外，不必过度地将精力集中到对事故或灾害发生的可能性进行精确的定量分析上，可以用相对性的词汇(例如，低、中、高)来描述发生灾害或事故的可能性，关键是充分利用现有的数据和技术进行合理的评估。

应急能力评估，是依据危险分析的结果，对已有的应急资源和应急能力进行评估，明确应急救援的需求和不足。应急资源包括应急人员、应急设施(备)、装备和物资等，应急能力包括人员的技术、经验和接受的培训等。应急资源和能力将直接影响应急行动的快速有效性。预案制定时，应当在评价与潜在危险相适应的应急资源和能力的基础上，选择最现实、最有效的应急策略。

(4)应急预案编写。

当应急预案小组在参阅了现有的应急预案、完成了危险识别和分析、对应急准备、预防措施和应急能力进行评估后，应针对应急准备方面的不足提出改进建议，如加强应急人员的应急训练等。

(5)应急预案的评审与发布。

为保证应急预案的科学性、合理性以及与实际情况相符合，城市轨道交通事故应急预案必须经过评审，包括组织内部评审和专家评审，必要时请上级应急机构进行评审。应急预案经评审通过和批准后，按有关程序进行正式发布和备案。

(6)应急预案的实施。

应急预案的实施包括：开展预案的宣传贯彻，进行预案的培训，落实和检查各个有关部门的职责、程序和资源准备，组织预案的演练，并定期评审和更新预案，使城市轨道交通应急预案有机的融入城市的公共安全保障工作之中。

6.2.3 紧急应对措施

1)通用应急响应程序

城市轨道运营单位应对灾害事故时,应依据以下措施执行:

(1)灾害事故发生后,现场工作人员应立即按照报告程序向有关部门报告,并对灾害事故进行先期处置,开展救援工作;

(2)运营单位减灾应急响应系统接到灾害事故报告后,应立即组织启动相应应急预案;

(3)指挥调度子系统根据应急预案的要求,指挥有关部门及人员立即到达规定岗位,执行应急预案中的相应职责,采取规定的应急控制措施;

(4)需要消防救援时,由现场指挥人员指定专人迎候专业消防救援人员,汇报相关情况,以利于迅速高效的实施消防救援工作;

(5)需要医疗救援时,由现场指挥人员指定专人迎候医疗救援人员,及时处理、安置、转移受伤人员;

(6)需要进行警戒与交通管制时,由公安部门、武警、军队等主要负责对灾害事故危害区外围的交通路口实施定向、定时封锁,阻止灾害事故危害区外的公众进入;

(7)指挥、调度进出灾害事故危害区的人员和车辆顺利通过通道,及时疏散交通阻塞;并对重要目标进行保护,维护社会治安;

(8)需要交通协助时,通过指挥调度子系统向公交集团发出请求,及时增派公交车辆,疏运地铁、轻轨附近滞留的乘客,缓解由于城市轨道交通灾害事故对城市交通造成的影响;

(9)需要政府协调时,现场指挥人员根据现场情况提出市政电力、管网等其他部门协调、协助的需要,由指挥调度子系统负责与政府部门的协调;

(10)灾害事故发生于两站区之间或需要相邻站区支援时,应按照相关预案,做好现场协调支援工作;

(11)运营单位应依据统一、快速、有序、规范的原则,统一组织对城市轨道交通灾难事故应急处置和抢险救援现场中的对外宣传和新闻采访,并向公众通报灾害事故的相关情况;

(12)灾害事故应急救援结束后,由运营单位负责组织城市轨道交通灾难事故的善后处置工作,包括治安管理、人员安置、补偿、征用物资补偿、应急救援物资供应和及时补充等事项,尽快消除灾难事故的影响,恢复地铁、轻轨的正常运营秩序。

2)火灾应对要点

运营单位应针对不同车站、列车运行的不同状态以及消防重点部位制定具体的火灾应急预案。火灾发生后，现场工作人员应立即按照报告程序向有关部门报告，同时向“119”、“110”报警，并组织做好乘客疏散、救护工作，积极开展灭火自救工作。运营单位指挥调度子系统接到火灾报告后，应立即组织启动相应的应急预案。

（1）车站发生火灾时，在确认火情后，值班站长应立即向指挥调度子系统报告现场情况，向公安部门和公安消防机构报警，并迅速进行先期处置。车站工作人员广播通知、组织和引导车站内乘客进行紧急疏散，抢救伤员；在车站出入口处设立警告标志，阻止乘客进站；带好灭火器具，扑救初期火灾；并按实际情况关闭相关机电及空调设备、开启事故照明和启动相应的送风及排烟程序。设置屏蔽门的车站，可以在站台乘客疏散完毕后，打开屏蔽门进行事故排烟。行车调度根据指挥调度子系统命令指挥后续列车迅速通过事故车站或防止后续列车进站。消防队到达现场后，派人引导到火灾现场进行扑救。

（2）到站列车发生火灾时，列车司机应迅速打开车门，引导列车上的乘客向站台疏散。行车值班员立即向指挥调度子系统报告现场情况，同时向公安部门和公安消防机构报警。指挥调度子系统启动相应应急预案，采取措施防止后续列车进站。车站工作人员广播通知、组织和引导车站内乘客进行紧急疏散，抢救伤员；在车站出入口处设立警告标志，阻止乘客进站。值班站长带领工作人员带好灭火器具，扑救初起火灾；按实际情况关闭相关机电及空调设备，开启应急照明和启动相应的送风及排烟程序。消防队到达现场后，派人引导到火灾现场进行扑救。

（3）列车在区间发生火灾时，列车司机应迅速判明火情，并向指挥调度子系统和两端车站报告，维持运行至就近车站，指挥/组织乘客使用车内灭火器进行灭火。行车值班员立即向公安部门和公安消防机构报警，报告值班站长和行车调度；通知相关岗位人员执行列车火灾紧急疏散预案。值班站长带领工作人员疏散站台、站厅乘客；在车站出入口处设立警告标志，阻止乘客进站。行车调度根据指挥调度子系统的命令，防止后续列车进站。起火列车进站后执行到站列车发生火灾时的处理程序。

（4）若列车无法运行至车站，除执行上述相应处理程序外，相关人员还应开启相应的隧道照明。环控调度应按列车火灾实际情况指挥启动相应的送风及排烟程序。值班站长进入隧道协助乘客疏散。

3）*爆炸应对要点*

运营单位应针对地铁、轻轨列车、车站、主变电站、控制中心以及车辆段等重点防范部位制订防爆应急预案。

（1）车站、列车发生爆炸时，现场工作人员应迅速查明情况，立即按照报告程序向有关部门报告，并同时向“119”“110”报警。列车司机、车站站长或值班站长应立即进行先期处置，组织车站站务人员迅速携带必要的救护器具开展救援工作。

(2)运营单位指挥调度子系统接到爆炸报告后，应立即组织启动相应应急预案，根据实际情况发布全线停运、疏散乘客、封闭车站的命令，协调公交集团增加地面公交车运力运输乘客。

(3)各车站、列车接到疏散乘客的命令后，站务人员应迅速派人控制车站出入口，阻止乘客进入，迎候急救车；利用站内、车内广播系统进行宣传、疏导；通知相关人员开启车站送排风系统，加大通风量；迅速组织车站工作人员。

(4)按照车站乘客疏导工作预案，组织疏散站内、车内乘客迅速离站，疏散乘客任务完成后，关闭出入口，并将情况报告指挥调度子系统。运营单位应与公安、消防、卫生等部门积极配合，共同开展抢险救援工作。

4)毒气袭击应对要点

运营单位应针对地铁、轻轨列车、车站等重点防范部位制订防毒气袭击应急预案。车站、列车发生毒气袭击事件时，现场工作人员应迅速查明情况，立即按照报告程序向有关部门报告，并同时向“119”“110”报警。

(1)列车司机、车站站长或值班站长应立即进行先期处置，组织车站站务人员迅速携带必要的救护器具开展救援工作。

(2)运营单位指挥调度子系统接到毒气袭击报告后，应立即组织启动相应应急预案，通知相关工作人员各自执行预案中的相应职责；根据预案要求，防止后续列车驶入毒气扩散区域，指挥调度子系统根据实际情况下达全线停运、封闭车站、疏散乘客的命令，组织指挥列车迅速驶离毒气扩散区域。

(3)各车站、列车接到疏散乘客的命令后，站务人员应迅速派人控制车站出入口，防止乘客进入。

(4)对于迫停于毒气扩散区域的列车，司机应立即要求停电，情况紧急时可采取强行停电措施，在确认接触轨已停电后，应打好止轮器，作好防溜措施。

(5)车站工作人员应利用站内、车内广播进行宣传；查找毒气源；组织疏散未中毒的车内、站内乘客迅速离站到指定区域；通知相关人员关闭相关车站送排风系统。

(6)其他车站接到疏散乘客、封闭车站的命令后，应迅速组织车站工作人员，按照车站乘客疏导工作预案，迅速组织乘客出站，疏散乘客任务完成后，关闭出入口，并将情况报告指挥调度子系统。运营单位应与公安、消防、卫生等部门积极配合，共同开展抢险救援工作。

5)客流量激增应对要点

运营单位应针对客流量激增危及安全运营的紧急情况，制订相应的应急预案。一旦出现客流量超过其容许客流量时，车站应立即启动应急预案。

(1)采取售票员停止售票。

(2)检票员阻止乘客进站。

(3)行车值班员利用广播引导乘客出站。

(4)车站工作人员疏散乘客。

(5)预防因客流量激增而导致人员伤亡事故的发生。

6)大范围停电事故应对要点

运营单位应针对大范围停电事故制订相应应急预案。

(1)电力调度应迅速查明原因,并将事件概况、影响范围通报指挥调度子系统。指挥调度子系统接到报告后,应立即组织启动相应应急预案。

(2)车站工作人员应按照车站乘客疏导工作预案,迅速组织乘客出站。列车司机应打好止轮器,做好防溜措施。

(3)车站工作人员、列车司机采用一切手段对乘客进行宣传,稳定乘客情绪,并按照调度命令对乘客进行疏导。

(4)行车调度应采取一切措施,查明各次列车所在位置;故障排除后接触轨再次送电前,必须得到各疏导车站行车值班员关于乘客及工作人员全部撤离现场的报告后,方可通知电力调度送电。

7)行车设备设施故障应对要点

运营单位应针对列车车辆、供电设备、机电设备、信号设备、通信设备、线路设备制订相应应急抢险预案。

(1)行车设备设施发生故障时,现场工作人员应迅速查明情况,立即按照报告程序向有关部门报告。

(2)运营单位指挥调度子系统接到报告后,应立即组织启动相应应急预案,通知相关抢险队和有关人员。

(3)抢险队接到通知后,应立即根据应急预案,执行抢险方案。

(4)相关人员应根据预案中规定的相应职责执行救援、增援工作。

8)地震应对要点

对于已发布地震预报的,应立即进入临震应急状态,根据本行政区政府部门发布的紧急处理措施,采取相应对策,即:根据震情发展和工程设施情况,发布避震通知,必要时组织避震疏散;对有关工程和设备采取紧急抗震加固等保护措施;检查抢险救灾的准备工作;及时准确通报地震信息,保护正常工作秩序。

对于震前没有发出临震预报而突然发生震级和强度较大的地震,一旦有震感运营公司应当立即组织启动相应应急预案,做好乘客疏散和地铁、轻轨设备、设施的保护工作。

当发生影响城市轨道交通运营的地震灾害时:

(1)列车司机应立即采取紧急措施制动车辆,并组织乘客自救、互救工作。

(2)车站工作人员应封闭车站,迅速疏导乘客出站,并积极抢救伤员,组织乘客自救、互救工作。

(3)设备值班人员应关闭正在操作的设备,切断周边电源。

(4)行车调度应立即通知电力调度全线接触轨停电,采取一切手段了解人员损伤及设备、设施损坏情况,迅速上报。

地震灾害发生后,应按照相关应急预案,组织抗震救灾处置工作,落实救灾措施。

9)雷击、风灾应对要点

当雷击已经威胁到地铁、轻轨列车的安全行驶时,应立即启动防雷应急预案。

(1)列车应停止运营,站内停止运营的列车应设立警示标志。

(2)列车停止运营后,若对车厢内的旅客会产生潜在的危险时,应将其疏散到安全地带进行避难。

(3)站内及附近发生霹雷的地方,应对架线等易受雷电影响的设施进行检查,若有异常状况应及时通报。

车站遭受狂风灾害时,应立即启动防风灾应急预案,采取相应对策,预防因风灾而导致进、出站口被破坏,进而危及列车的安全行驶。

10)水淹事故应对要点

运营单位应针对集中突降的暴雨、站内输水管道破裂漏水等各种水灾致因,制定具体的防水灾应急预案。

(1)在进入汛期前要对防汛抢险物资进行检查,确保抢险物资数量充足,性能良好。

(2)应加强雨天的运营组织工作,合理设置挡水板、防水沙袋等人防工程来防止进水。

(3)发生进水事故时,应根据实际灾情,启动洞口进水、车站进水、联络通道进水、风道进水等具体的专项预案。

(4)给水管网等发生故障时,应迅速判明故障地点、性质、险情程度、影响范围,执行相应的应急抢修预案,采取针对性措施,及时调整管网供水方式,尽可能把影响缩小到最小范围。

(5)发生进水事故时,应根据实际灾情,启动洞口进水、车站进水、联络通道进水、风道进水等具体的专项预案。

11)疏导乘客应对要点

运营单位指挥调度子系统收到运营线路上发生灾害事故的报告后,应根据现场情况及时启动相应应急预案,发布乘客疏导命令。

(1)区间疏导乘客时,行车调度应立即关闭两端站的出站信号阻止后续列车进入该区间,通知电力调度在该区间上、下行线接触轨同时停电,并根据列车停车位置,向车站及司机发布疏导乘客的命令。车站工作人员接到就地疏散乘客命令且确认接触轨停电完毕后,值班站长应指定专人通知相关人员开启区间照明,同时组织有关抢险人员,携带应急照明灯等必要工具赶赴现场。列车司机接到命令后,应立即打开司机室门、通道门,配合车站工作人员按调度员指定的车站或方向组织乘客疏散,并开启大灯提供照明。在疏导过程中,应采取各种措施,防止乘客翻越护栏、进入相邻线路或不安全地带。

(2)车站发生火灾、爆炸、毒气袭击等突发事件影响列车运行、危及乘客安全时,车站工作人员接到疏散乘客命令后,应使用广播宣传,停止售、检票,开启所有能够使用的出入口,组织力量尽快将乘客疏散到指定的区域,同时阻止乘客进入车站。

(3)疏散完毕后,现场负责人撤离现场前,要指定专人对车内、区间逐一检查,确认乘客及抢险人员已全部撤出,线路无障碍后,有关人员应将情况立即向指挥调度子系统报告。

12)换乘车站应对灾害事故应对要点

换乘车站应针对过站列车所属车辆段不同等特点,制定换乘车站防灾应急预案,并做好协调、支援工作。换乘车站应根据换乘方式、换乘量和周边环境的不同,制定适合本车站的乘客疏散方案。城市轨道交通防灾报警系统在换乘车站应互相联通,换乘车站临近区间或一条线路发生灾害事故时,换乘车站整体均应进入应急响应状态。

第7章 城市轨道交通事故预测预警

预测是运用各种知识和科学手段，分析研究历史事故资料，对系统发展的趋势或可能的结果进行事先的推测和估计。也就是说，预测就是由过去和现在去推测未来，由已知去推测未知。

1982年，我国学者邓聚龙教授首次提出灰色系统理论，引起国内外很大反响。至今，灰色系统理论已形成一个横断面大，渗透力强的新兴研究领域，并广泛地应用于工业、农业、军事、城建、医学、地学、气象、金融、生态、教育、政法等众多领域，产生了显著的社会效益和经济效益。灰色系统理论在城市轨道交通安全方面也得到广泛应用，随着研究的深入，必将取得更为丰硕的成果。

7.1 灰色理论概述

7.1.1 灰含义和灰现象

控制论学者艾什比将内部信息缺乏的客体称为“黑箱”，据此，人们常用颜色的深浅来表示信息的多少。“黑”指信息缺乏；“白”指信息完全，“灰”则指信息部分已知、部分未知，即信息不完全，这是“灰”的基本含义，但信息不完全和非唯一性是“灰”的主要含义。“非唯一性”在预测上的体现为预测结果是灰色区间，而不是唯一的一个值。如果限制这个区间，则结果会比单个值更为可信，更为合理。“非唯一性”在决策上的体现是灰靶思想。灰靶是目标非唯一和目标可约束的统一，是目标可接近、信息可补充、方案可完善、关系可协调、思维可多向、认识可深化、途径可优化的表现。“非唯一性”在计划方面的体现是计划具有可调性，效果具有可塑性。

在自然界和人类社会中，“灰”是普遍存在的。一首不朽的诗，常常是用含蓄的语言，即灰色的语言创作的，如“雾失楼台，月迷津渡，桃源望断无寻处……”；音乐美是通过音乐符号来表现的，但由于作为中介的音乐符号的间接性和抽象性，音乐符号所表现的美是朦胧的，多义的，故而是灰的，这是文化艺术中的灰现象；“国营、集体、个体和外资”等生产资料的多种所有制是经济领域的灰现象；军事领域更是充满了灰的现象，正如克劳塞维茨指出的那样：“战争中的一切情况都很不确定，这是一种特殊的困难。因为一切行动都仿佛是在半明半暗的光线下进行的，而且，一切往往都像在云雾里和月光下一样……”。我们甚至可以说，人们生活在“灰”的世界里，并不得不按“灰”的方式思维，按“灰”的信息决策，按“灰”的规律行动。

7.1.2 灰色系统

客观世界是物质的世界，也是信息的世界。但在工程技术、社会、经济、农业、环境、生态、军事等领域，经常会出现信息不完全的情况，如系统因素或参数不完全明确，因素关系不完全清楚，系统结构不完全知道，系统的作用原理不完全明了等。

信息完全明确的系统为白色系统。一个商店可看作是一个系统，在人员、资金、损耗、销售等信息完全明确的情况下，可算出该店的盈利、库存，可判断商店的销售态势、资金的周转速度等，这样的系统是白色系统，不过这是一个没有物理原型的白色系统。一个加有电压的电阻是一个系统，当电阻值给定后，电压和电流之间就有明确的关系，这也是一个白色系统，而且是一个具有物理原型的白色系统。

信息完全不明确的系统是黑色系统。如遥远的某个星球，也可看作是一个系统，虽然知道其存在，但体积多大，质量多少，距离地球多远，这些信息完全不知道，这是一个黑色系统。

信息部分明确、部分不明确的系统为灰色系统。人体是一个系统，人体的一些外部参数如身高、体重、年龄等，一些内部参数如血压、脉搏、体温等是已知的，而其他一些参数，如人体穴位有多少，穴位的生物、化学、物理性能，物质信息的传递方式等尚未知道透彻，人体科学中还有许多不解之谜，因此人体是一个灰色系统，是一个具有物理原型的灰色系统。再如粮食生产系统，肥料、种子、农药、气候、土壤、劳力、水利、耕作、政策等都是影响粮食产量的因素，但难以确定全部因素，更难找到肥料、农药等诸因素与粮食产量的映射关系。显然，粮食生产系统是一个没有物理原型的灰色系统。

根据是否具有物理原型，可将灰色系统区分为本征性灰色系统和非本征性灰色系统。

社会、经济、农业、生态等客观的抽象系统，不具有物理原型，可称为主观的本征性灰色系统。这类系统虽然可以量化、模型化、实体化，或者说，可以用白色参数、白色元素、白色结构等方式表示，但这仅仅是按人们的某种观念、某种逻辑思维、某种推导得到的相似系统、同构系统，并不是真正的原系统，且同一对象，描述的模型是非唯一的。

具有客观实体的实际的物理系统，若有些信息暂时还不确定，尚未获知，则可称为非本征性灰色系统。

7.1.3 城市轨道交通安全系统的灰色特征

城市轨道交通安全系统具有典型的灰色特征。从安全的角度来考察这个系统，则可以发现：

(1)表征系统安全的参数是灰数。事故伤亡率、职业病人数、事故与职业病所造成的经济损失等数据，由于统计数据不完善，加上漏报、瞒报等人为干扰以及其他各种原因，而成为有一定误差的灰数，严重时甚至会失真。此外，由于外界的干扰、仪器的误差等原因，使尘、毒浓度，噪声与振动强度等实测数据在形式上是白数，实质上也是灰数。诸如此类的数据，均可看作是在真实值的某个邻域内变化的灰数。

(2)影响系统安全的因素是灰元。或者说，在各种影响因素中，有许多不完全明确，已经明确的却难以量化，已经量化的又随机变化。比如对地铁司机来说，有许多因素影响着司机的安全驾驶，其中包括司机的生理和心理特征、列车的可靠性和人机适应性、环境中的噪声与振动等等，但要确定全部因素是十分困难的。同时，已知的许多影响因素难以量化，如公司领导对安全的重视程度、司机的安全意识、安全机构的业务能力等。此外，即使已经量化的许多因素也是灰色的，如列车的可靠性值、环境参数等均在变化，并且在很多情况下这种变化是随机的，构成系统安全的各种关系是灰关系。首先，各种因素和系统安全主行为的关系是灰的。如，影响运营公司年均事故伤亡率的因素无疑包括人的安全意识、公司领导对安全生产的重视程度等，但这些因素是灰元，要找到这些因素和事故伤亡率的定量映射关系是不大可能的。其次，因素与因素之间的关系同样是灰的。如，人的安全意识影响人的安全行为，但这些因素本身就是灰元，其关系自然是灰关系。第三，人—机—环境系统中三个子系统之间的关系也是灰关系。比如说，人在很大程度上决定了环境质量，环境质量反过来又影响人的安全行为，这种相互影响呈现明显的不确定性。第四，系统和系统所处环境之间的关系无疑还是灰的。比如，一个地铁车站是一个局部人—机—环境系统，地铁车站发生事故要影响整条线路的正常运营，而地震、洪水、降雨、雪等外界环境因素则危及城市轨道交通安全，这种相互作用具有随机、难定量的特性。因此，城市轨道交通安全系统是信息部分已知、部分未知的不具有物理原型的本征性灰色系统。

影响地铁安全的因素既有已知信息，又有未知、未确定信息，因此，地铁安全系统是受多种因素相互制约、相互影响的。根据灰色系统理论，我们不去研究这些复杂的内部因素及相互联系，而只从已发生事故这组综合灰色量本身挖掘有用信息，利用它的动态记忆性建立模型来寻求和揭示事故变化规律，并以此模型对未来事故进行预测。基于以上因素，提出了关于事故预测的灰色数学理论，用模拟结果对已发生事故和将来事故进行验证和预测，为以后安全管理和安全投入提供科学指导和理论依据。

7.2 城市轨道交通事故灰色模型

7.2.1 模型建立

设 $X^{(0)}$ 为原始数据系列，$X^{(1)}$ 为 $X^{(0)}$ 的 1-IAGO 序列，$Z^{(1)}$ 为 $X^{(1)}$ 的紧邻均值生成序列，考虑灰色 GM(1,1)幂模型：

$$X^{(0)} + \alpha Z^{(1)} = b(Z^{(1)})^{\alpha} \tag{7-1}$$

其白化方程为：

$$\frac{dx^{(1)}}{dt} + \alpha x^{(1)} = b(x^{(1)})^{\alpha} \tag{7-2}$$

此方程的解为：

$$x^{(!)}(t) = \left\{e^{-(1-\alpha)at}\left[(1-\alpha)\int be^{(1-\alpha)at}dt + C\right]\right\}^{\frac{1}{1-\alpha}} \tag{7-3}$$

假设：

$$B = \begin{bmatrix} -z^{(1)}(2) & (z^{(1)}(2))^{\alpha} \\ -z^{(1)}(3) & (z^{(1)}(3)^{\alpha} \\ \vdots & \vdots \\ -z^{(1)}(n) & (z^{(1)}(n))^{\alpha} \end{bmatrix}, \quad Y = \begin{bmatrix} x^{(0)}(2) \\ x^{(0)}(3) \\ \vdots \\ x^{(0)}(n) \end{bmatrix}$$

则此模型的参数列 $\hat{a} = [a,b]^T$ 的最小二乘估计为 $\hat{a} = (B^TB)^{-1}B^TY$。

当 $\alpha = 2$ 时，称：

$$X^{(0)} + \alpha Z^{(1)} = b(Z^{(1)})^{2} \tag{7-4}$$

为灰色 Verhulst 模型。

那么，Verhulst 模型的白化方程为：

$$\frac{dx^{(1)}}{dt} + \alpha x^{(1)} = b(x^{(1)})^{2} \tag{7-5}$$

Verhulst 模型的白化方程解和时间响应式分别为：

$$x^{(1)}(t) = \frac{1}{e^{at}\left[\frac{1}{x^{(1)}(0)} - \frac{b}{a}(1-e^{-at})\right]} = \frac{ax^{(1)}(0)}{e^{at}[a - bx^{(1)}(0)(1-e^{-at})]}$$
$$= \frac{ax^{(1)}(0)}{bx^{(1)}(0) + (a - bx^{(1)}(0))e^{at}} \tag{7-6}$$

$$x^{(1)}(k+1)=\frac{\alpha x^{(1)}(0)}{bx^{(1)}(0)+(\alpha-bx^{(1)}(0))e^{\alpha}} \tag{7-7}$$

Verhulst 模型主要用来描述具有饱和状态的过程,即 S 形过程。

7.2.2 预测模型的后验差检验

可以用关联度及后验差对预测模型进行检验。记 0 阶残差为:

$$\varepsilon_i^{(0)}=x_i^{(0)}-\hat{x}_i^{(0)},i=1,2,\cdots,n \tag{7-8}$$

式中,$\hat{x}_i^{(0)}$是通过预测模型得到的预测值。

残差均值为:

$$\overline{\varepsilon^{(0)}}=\frac{1}{n}\sum_{i=1}^{n}\varepsilon_i^{(0)} \tag{7-9}$$

残差方差为:

$$s_1^2=\frac{1}{n}\sum_{i=1}^{n}(\varepsilon_i^{(0)}-\overline{\varepsilon^{(0)}})^2 \tag{7-10}$$

原始数据均值为:

$$\bar{x}=\frac{1}{n}\sum_{i=1}^{n}x_i^{(0)} \tag{7-11}$$

原始数据方差为:

$$s_2^2=\frac{1}{n}\sum_{i=1}^{n}(x_i^{(0)}-\bar{x})^2 \tag{7-12}$$

为此可计算后验差检验指标:

后验差比值 c 为:

$$c=\frac{s_1}{s_2} \tag{7-13}$$

小误差概率 p 为:

$$p=p\{|\varepsilon_{\mathrm{i}}^{(0)}-\varepsilon^{-(0)}|<0.6745s_2\} \tag{7-14}$$

按照上述两指标,可从表 7-1 查出精度检验等级。

精度检验等级表 表 7-1

预测精度等级	P	c
好(good)	>0.95	<0.35
合格(qualified)	>0.80	<0.50
勉强(just mark)	>0.70	<0.45
不合格(un qualified)	≤0.70	≥0.65

7.2.3 模型应用

取原始数据(表 7-2)为 $X^{(1)}$,其 1-IAGO 为 $X^{(0)}$,用 Verhulst 模型直接对 $X^{(1)}$进

行模拟。

某地铁 1994～2003 年已发生事故情况表

表 7-2

年份	1994	1995	1996	1997	1998	1999	2000	2001	2002	2003
次数(次)	17	23	15	15	15	5	5	8	3	3

取 $X^{(1)}=(17,23,15,15,15,5,5,8,3,3)$

则：$X^{(1)}$ 的 1-IAGO 序列 $X^{(0)}$ 和紧邻均值生成序列 $Z^{(1)}$ 分别为：

$$X^{0}=\{x^{(0)}(k)\}_{1}^{11}=(17,6,-8,0,0,-10,0,3,-5,0)$$

$$Z^{(1)}=\{z^{(1)}(k)\}_{2}^{11}=(20,19,15,15,10,5,6.5,5.5,3)$$

则：
$$B=\begin{bmatrix}-z^{(1)}(2) & (z^{(1)}(2))^{2}\\ -z^{(1)}(3) & (z^{(1)}(3))^{2}\\ -z^{(1)}(4) & (z^{(1)}(4))^{2}\\ \vdots & \vdots\\ -z^{(1)}(11) & (z^{(1)}(11))^{2}\end{bmatrix}=\begin{bmatrix}-20 & 400\\ -19 & 361\\ -15 & 225\\ \vdots & \vdots\\ -3 & 9\end{bmatrix}$$

$$Y=[x^{(0)}(2)\quad x^{(0)}(3)\quad x^{(0)}(4)\cdots\quad x^{(0)}(11)]^{\mathrm{T}}=[6\quad -8\quad 0\cdots\quad 0]^{\mathrm{T}}$$

$$\hat{a}=\begin{bmatrix}a\\ b\end{bmatrix}=(B^{\mathrm{T}}B)^{-1}B^{\mathrm{T}}Y=\begin{bmatrix}0.604771\\ 0.030914\end{bmatrix}$$

取 $x^{(1)}(0)=x^{(1)}(1)=17$，可得 Verhulst 时间响应式为：

$$\hat{x}^{(1)}(k+1)=\frac{ax^{(1)}(1)}{bx^{(1)}(1)+(a-bx^{(!)}(1))\mathrm{e}^{ak}}=\frac{0.604771\times 17}{0.030914\times 17+0.079233\mathrm{e}^{0.604771k}}$$

由此对系统事故进行模拟预测，计算结果见表 7-3，预测值与实际值的比较如图 7-1 所示。

计 算 结 果 表

表 7-3

年　份	原始数据 $x^{(1)}(k)$	模拟值 $\hat{x}^{(1)}(k)$	残差 $\varepsilon(k)=x^{(1)}(k)-\hat{x}^{(1)}(k)$
1994	17	19.56	-2.56
1995	23	15.33	7.67
1996	15	12.99	2.01
1997	15	10.31	4.69
1998	15	7.26	7.74
1999	5	4.77	0.23
2000	5	2.93	2.07
2001	8	1.72	6.28
2002	3	0.98	2.02

续上表

年　份	原始数据 $x^{(1)}(k)$	模拟值 $\hat{x}^{(1)}(k)$	残差 $\varepsilon(k)=x^{(1)}(k)-\hat{x}^{(1)}(k)$
2003	3	0.55	2.45
2004		0.31	
2005		0.17	
2006		0.09	

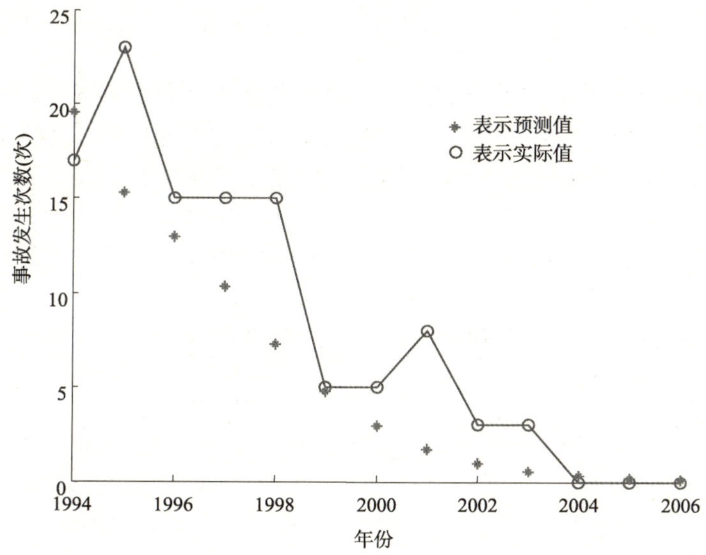

图 7-1　模拟预测值与实际值的比较

进行后验差检验：

$$\varepsilon_1^{(0)}=x_i^{(0)}-\hat{x}_i^{(0)},i=1,2,\cdots,n$$

$$\overline{\varepsilon^{(0)}}=3.26,s_1=4.29$$

$$\overline{x^{(0)}}=10.9,s_2=8.73$$

则：

$$c=\frac{s_1}{s_2}=0.49$$

$$p=p\{|\varepsilon_i^{(0)}-\bar{\varepsilon}^{(0)}|<0.6745s_2\}=1>0.70$$

对照表 7-1 可知，灰色系统预测拟和勉强能够接受。这与地铁的复杂性有较大的关系。具体原因如下：

(1)事故界定不够明晰，目前国内尚未制定专门的地铁事故界定标准；

(2)基础数据不够全面；

(3)外界环境影响等。

第8章 城市轨道交通安全管理信息系统

地铁风险分析软件平台系统的主要功能是对地铁运营管理中可能出现各种风险的评估和预警,其中涉及智能分析、模糊综合评价、客流预测预警等基本分析操作以及数据库中的各项操作。图 8-1 描述了该系统的基本结构。

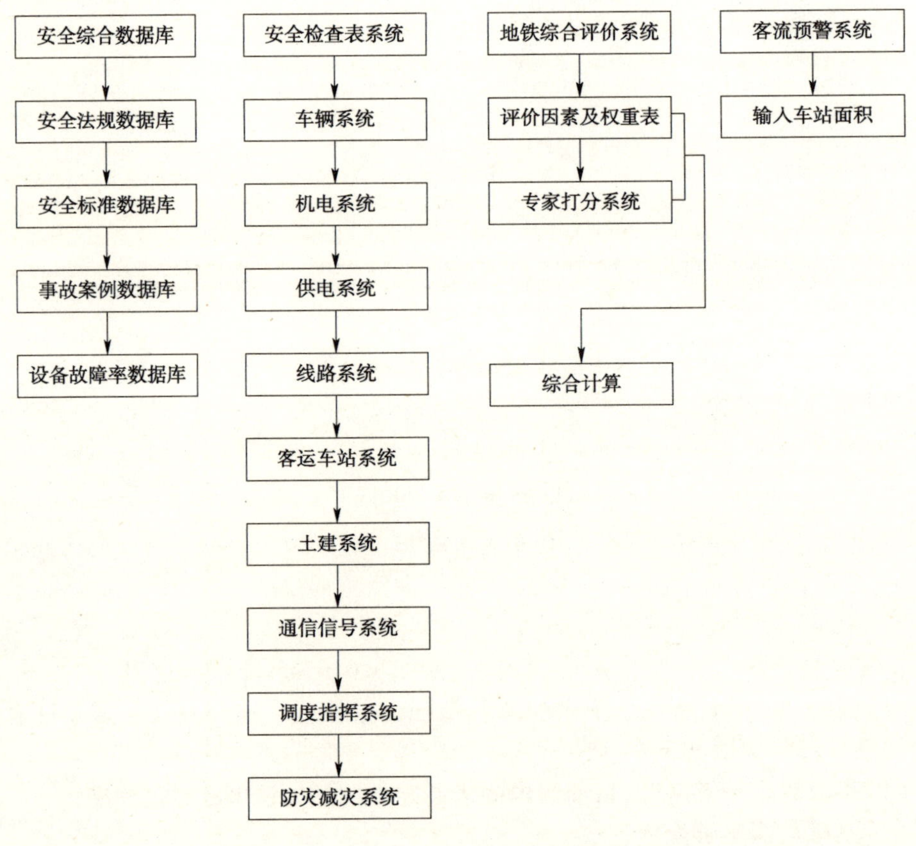

图 8-1　地铁风险分析系统整体模块

8.1 系统概述

8.1.1 主菜单

地铁风险分析系统的主菜单，包括文件、编辑、账户、安全综合数据库、安全检查表系统、地铁综合评价系统、客流预警系统以及帮助，共8项，如图8-2所示。

文件(F) 编辑(M) 账户(A) 安全综合数据库(C) 安全检查表系统(L) 地铁综合评价系统(S) 客流预警系统(P) 帮助(H)

图8-2 地铁风险分析系统的主菜单

8.1.2 文件菜单

文件菜单主要包括：导入、导出、退出系统，共3项，如图8-3所示。

1) 导入

功能：向指定数据库导入Excel数据。

图8-3 文件菜单

操作步骤：鼠标点击向右箭头选择"Excel格式"，弹出"向指定数据库导入Excel数据"的对话框，如图8-4所示。在"选择要导入数据的数据库"下拉列表中选择一个要向系统中导入的数据库，点击"打开Excel"按钮，找到导入的Excel的数据，在"输入Excel内表名"的文本框中输入内表名，然后点击"读取Excel列名"按钮，比较"数据库的列名"跟"读取Excel列名"，确定没有错误，点击"加入"按钮，将数据导入，点击"退出"按钮，操作结束。

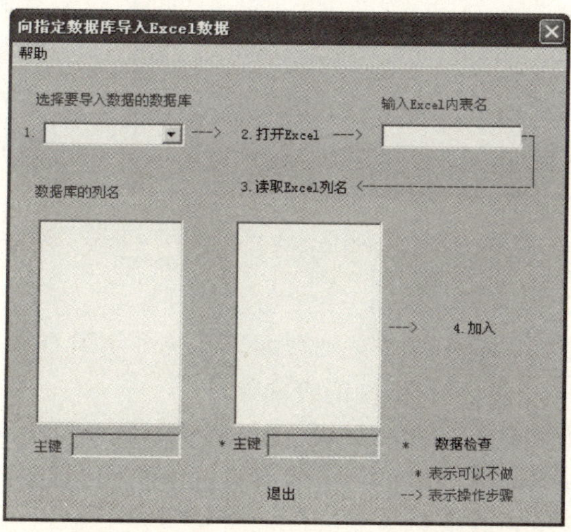

图8-4 向指定数据库导入Excel数据对话框

注意:(1)数据检查主要是检查主键是否为空值和是否重复,带 * 表示可以不做。

(2)如有不明白的可以点击左上角的"帮助"菜单,查看如何使用。

2)导出

功能:将用户当前操作的记录(就是上面"记录显示区"中显示的记录)全部保存为 Excel(*.xls)格式。

操作步骤:鼠标点击向右箭头选择"Excel 格式",弹出"另存为"对话框,如图 8-5 所示。选择要将文件保存的文件夹,在"文件名"后面的文本框中填入保存后的文件名,点击"保存"按钮,操作结束。

3)退出系统

鼠标点击"退出系统",退出地铁风险分析系统。

8.1.3 编辑菜单

编辑菜单主要包括:增加记录、修改记录、删除记录、查询记录、保存修改、打开文本,共 6 项,如图 8-6 所示。其中前 4 项的功能与系统主界面右侧的"记录操作区"的功能是完全一致的。而"保存记录"功能只针对安全检查表系统,"打开文本"功能只针对安全综合数据库中的安全法规数据。

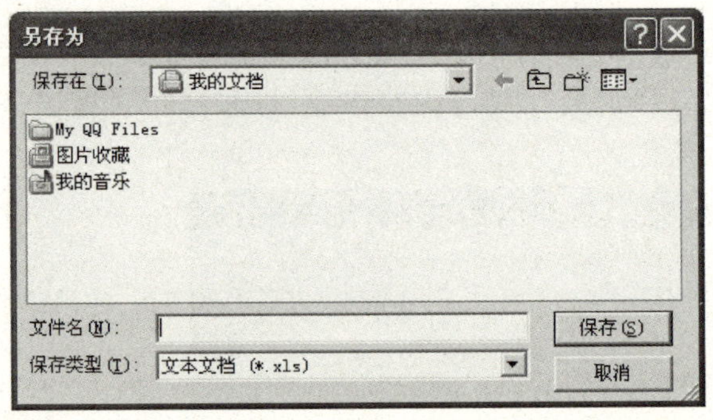

图 8-5 另存为对话框

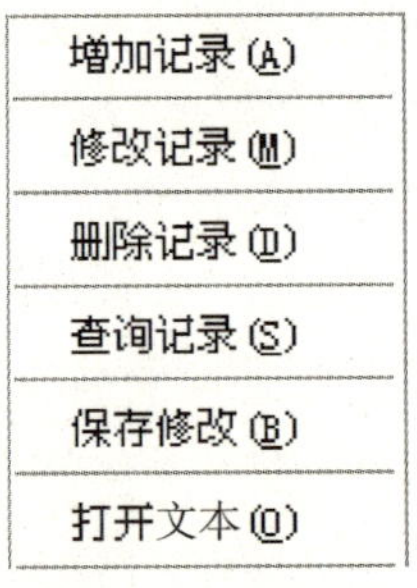

图 8-6 编辑菜单

1)增加记录

功能:向当前数据库或系统中添加数据。系统中使用 OOP 的设计,针对不同的数据库选择同一个功能,则有不同的表现效果。

操作步骤:选择"增加记录"菜单项,则会根据不同的数据库,弹出不同的"增加记录"对话框。在对话框中各个条目的编辑框中输入编辑内容,点击"确定"按钮,则提交增加的纪录并退出对话框;点击"重置"按钮,则将所有填入项清空;点击"取消"按钮,则退出对话框,不对数据库做任何添加。

2）修改记录

功能：修改当前数据库或系统中的数据。系统中使用OOP的设计，针对不同的数据库选择同一个功能，则有不同的表现效果。

操作步骤：选择“修改记录”菜单项，则会根据不同的数据库，弹出不同的“修改记录”对话框。在对话框中各个条目的编辑框中修改编辑内容，点击“确定”按钮，则提交修改的纪录并退出对话框；点击“重置”按钮，则将所有填入项清空；点击“取消”按钮，则退出对话框，不对数据库做任何修改。

注意：修改记录前要先选择一条记录。

3）删除记录

功能：删除当前数据库或系统中的数据。

注意：删除记录前要先选择一条记录。

4）查询记录

功能：查询当前数据库或系统中满足查询条件的数据。系统中使用OOP的设计，针对不同的数据库选择同一个功能，则有不同的表现效果。

操作步骤：选择“查询记录”，在主界面的下方的“记录查询区”进行操作。

精确查询：在“查询类别”的下拉列表中选择一个查询类别，在“关键字”后面的文本框中填入查询关键字，选择“精确查询”，点击“查询”按钮，查看查询结果。

模糊查询：在“查询类别”的下拉列表中选择一个类别，选择“模糊查询”，点击“查询”按钮，查看查询结果。

注意：“精确查询”是指输入的查询关键字与数据库中记录完全匹配，才筛选出作为查询结果。而“模糊查询”是指输入的查询关键字与数据库中记录部分匹配，就可筛选出作为查询结果。

5）保存修改

功能：保存当前“记录显示区”中所有对数据库的修改。

操作步骤：确认当前数据库是“安全检查表系统”中的14个数据库中的一个，选择“保存修改”菜单项，则会将当前的对于数据库所有修改保存到数据库中。

注意：此项功能只针对“安全检查表系统”中的数据库。

6）打开文本

功能：打开“安全法规数据库”中的对应的文本条例（word格式）。

操作步骤：确认当前数据库是“安全综合数据库”中的“安全法规数据库”，选择一条记录，点击“打开文本”菜单项，则弹出记录对应的文本形式的法律法规条例（word格式）。

注意：此项功能只针对“安全综合数据库”中的“安全法规数据库”。

8.1.4 账户菜单

账户菜单只包括更改口令 1 项，如图 8-7 所示。

功能：将用户当前登录系统的口令修改为新口令。

操作步骤：点击“更改口令”，弹出“更改口令”对话框，如图 8-8 所示。输入原口令，新口令，确认新口令，点击“确认”按钮，完成操作；点击“放弃”按钮，放弃更改口令操作。

更改口令(P)

图 8-7 账户菜单

图 8-8 更改口令对话框

8.2 安全综合数据库

安全法规数据库

安全标准数据库

事故案例数据库

设备故障数据库

图 8-9 安全综合数据库菜单

安全综合数据库包括：安全法规数据库、安全标准数据库、事故案例数据库、设备故障数据库，共 4 个数据库。如图 8-9 所示。

8.2.1 安全法规数据库

安全法规数据库包括：法律法规名称、法律法规文号、颁布部门、颁布时间、法律法规类别、是否有效，共 6 个数据项，其中“法律法规文号”为数据库的关键字项，用来标识安全法规数据库每条记录，是唯一的，不能重复。

操作：

(1)增加记录：选择“编辑”菜单下的“增加记录”或者右侧“记录操作区”的“增加记录”，弹出“增加记录”对话框，如图 8-10 所示。填写各项的数据，点击“提交”按钮，完成增加操作；点击“重置”按钮，重新填写；点击“取消”按钮，取消增加记录操作。

(2)修改记录：修改当前选中的记录，选择“编辑”菜单下的“修改记录”或者右侧“记录操作区”的“修改记录”，弹出“修改记录”对话框，如图 8-11 所示。将记录修改完毕后，点击“提交”按钮，完成修改操作；点击“重置”按钮，重新填写；点击“取消”按钮，取消修改记录操作。

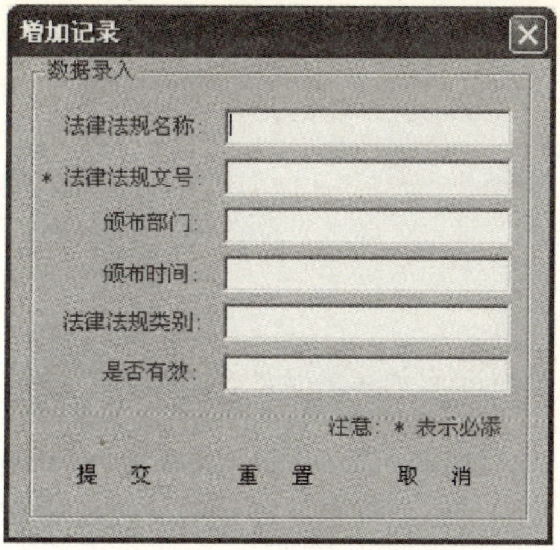

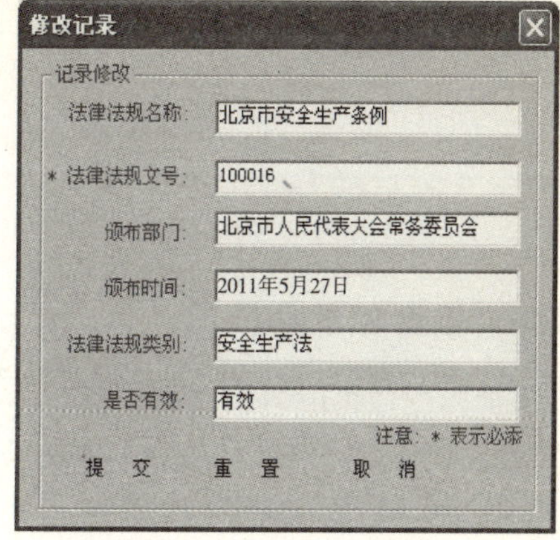

图 8-10　增加记录对话框

图 8-11　修改记录对话框

（3）删除记录：删除当前选中的记录，选择“编辑”菜单下的“删除记录”或者右侧“记录操作区”的“删除记录”，弹出“提示”对话框，如图 8-12 所示。提示是否继续，点击“是”，当前记录将被删除；点击“否”，取消删除操作。

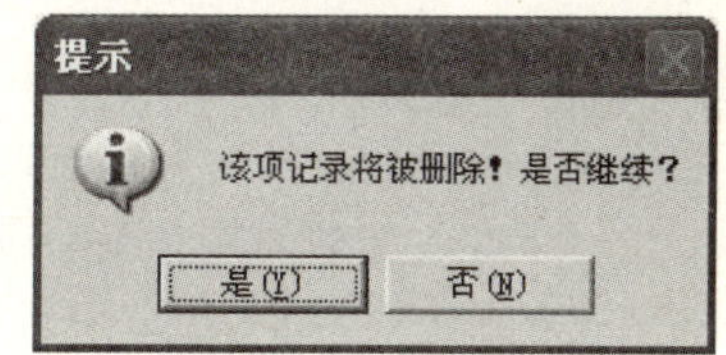

图 8-12　提示对话框

（4）查询记录：选择“编辑”菜单下的“查询记录”或者右侧“记录操作区”的“查询记录”，在主界面的下方的“记录查询区”。

①精确查询：在“查询类别”的下拉列表中选择一个查询类别，在“关键字”后面的文本框中填入查询关键字，选择“精确查询”，点击“查询”按钮，查看查询结果。

②模糊查询：在“查询类别”的下拉列表中选择一个类别，选择“模糊查询”，点击“查询”按钮，查看查询结果。

（5）移行操作：选中一条记录，点击向上的箭头，上移；点击向下箭头，下移。

（6）查看法规文件：双击一条法律法规的记录，随即弹出该条法律法规的 word 文档。

（7）设置打开文件的路径：选择“帮助”菜单中的“设置打开文件路径”菜单项，弹出“修改读取文件路径”对话框，如图 8-13 所示。点击“浏览”按钮，则弹出选择文件路径的对话框，找到保存法律法规文件。点击“确定”，则在对话框编辑框中显示出指定文件的路径。点击“确定”按钮，则设置结束。

（8）右键菜单：选中一条记录，点击右键或者选择“编辑”菜单下的“打开文本”，弹出一浮动菜单如图 8-14 所示。其中，“修改”和“删除”功能同上。选择“打开”则弹出与记录对应的文本形式的法律法规条例（Word 格式）。

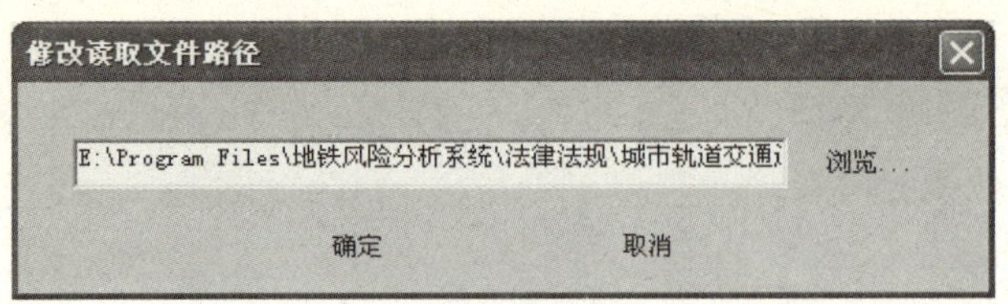

图 8-13　修改读取文件路径对话框

图 8-14　右键菜单

8.2.2　安全标准数据库

安全标准数据库包括：标准名称、标准文号、标准类别、实施时间、是否有效，共5个数据项，其中标准文号为数据库的关键字项，用来标识安全标准数据库每条记录，是唯一的，不能重复。

操作：

(1)增加记录：选择“编辑”菜单下的“增加记录”或者右侧“记录操作区”的“增加记录”，弹出“增加记录”对话框，如图 8-15 所示。填写各项的数据，点击“提交”按钮，完成增加操作；点击“重置”按钮，重新填写；点击“取消”按钮，取消增加记录操作。

(2)修改记录：修改当前选中的记录，选择“编辑”菜单下的“修改记录”或者右侧“记录操作区”的“修改记录”，弹出“修改记录”对话框，如图 8-16 所示。将记录修改完毕后，点击“提交”按钮，完成修改操作；点击“重置”按钮，重新填写；点击“取消”按钮，取消修改记录操作。

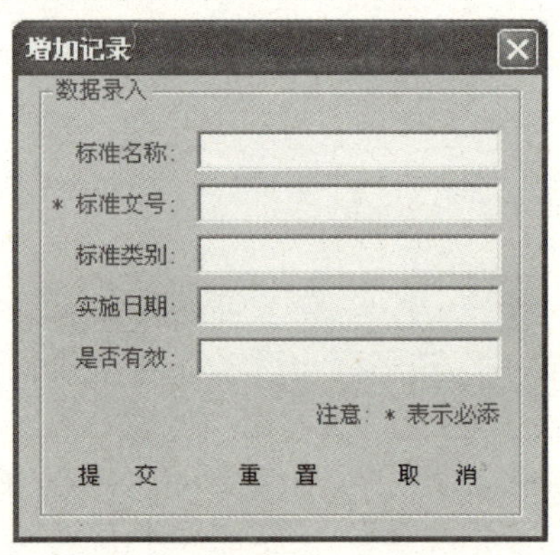

图 8-15　增加记录对话框

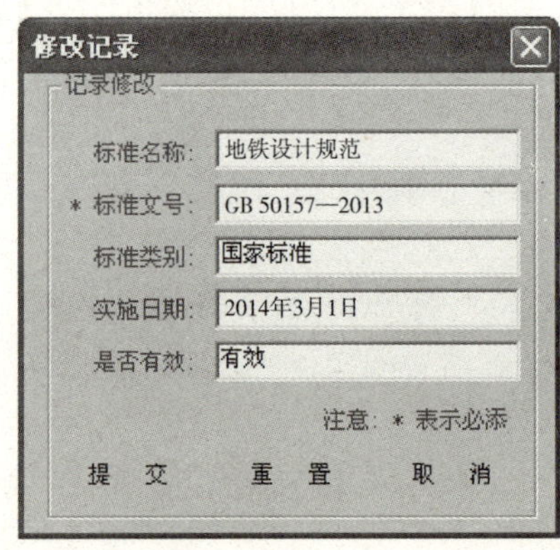

图 8-16　修改记录对话框

(3)删除记录：删除当前选中的记录，选择“编辑”菜单下的“删除记录”或者右侧“记录操作区”的“删除记录”，弹出“提示”对话框，如图 8-17 所示。提示是否继续，点击“是”，当前记录将被删除；点击“否”，取消删除操作。

(4)查询记录：选择“编辑”菜单下的“查询记录”或者右侧“记录操作区”的

“查询记录”,在主界面的下方的“记录查询区”。

①精确查询:在“查询类别”的下拉列表中选择一个查询类别,在“关键字”后面的文本框中填入查询关键字,选择“精确查询”,点击“查询”按钮,查看查询结果。

②模糊查询:在“查询类别”的下拉列表中选择一个类别,选择“模糊查询”,点击“查询”按钮,查看查询结果。

(5)移行操作:选中一条记录,点击向上的箭头,上移;点击向下箭头,下移。

(6)右键菜单:选中一条记录,点击右键,弹出一浮动菜单如图8-18所示。其中,“修改”和“删除”功能及操作同(2)、(3)。

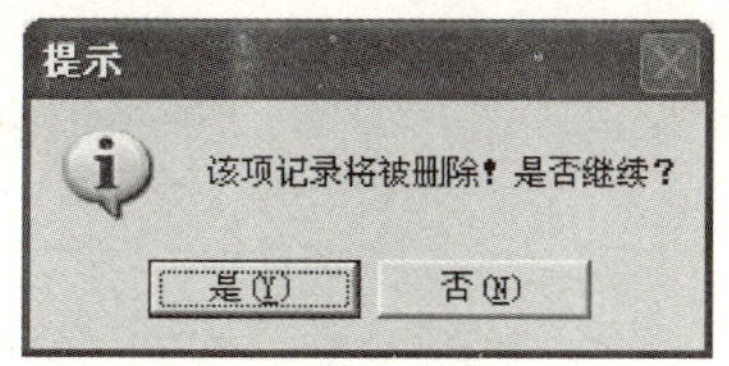

修改

删除

图8-17　提示对话框　　　　图8-18　右键菜单

8.2.3　事故案例数据库

事故案例数据库包括:序号、时间、地点、原因及事故类型、后果、备注,共6个数据项,其中序号为数据库的关键字项,用来标识事故案例数据库每条记录,是唯一的,不能重复,这项系统自动添加。

操作:

(1)增加记录:选择“编辑”菜单下的“增加记录”或者右侧“记录操作区”的“增加记录”,弹出“增加记录”对话框,如图8-19所示。填写各项的数据,点击“提交”按钮,完成增加操作;点击“重置”按钮,重新填写;点击“取消”按钮,取消增加记录操作。

(2)修改记录:修改当前选中的记录,选择“编辑”菜单下的“修改记录”或者右侧“记录操作区”的“修改记录”,弹出“修改记录”对话框,如图8-20所示。将记录修改完毕后,点击“提交”按钮,完成修改操作;点击“重置”按钮,重新填写;点击“取消”按钮,取消修改记录操作。

(3)删除记录:删除当前选中的记录,选择“编辑”菜单下的“删除记录”或者右侧“记录操作区”的“删除记录”,弹出“提示”对话框,如图8-21所示。提示是否继续,点击“是”,当前记录将被删除;点击“否”,取消删除操作。

(4)查询记录:选择“编辑”菜单下的“查询记录”或者右侧“记录操作区”的“查询记录”,在主界面的下方的“记录查询区”。

①精确查询:在“查询类别”的下拉列表中选择一个查询类别,在“关键字”后面的文本框中填入查询关键字,选择“精确查询”,点击“查询”按钮,查看查询结果。

②模糊查询：在“查询类别”的下拉列表中选择一个类别，选择“模糊查询”，点击“查询”按钮，查看查询结果。

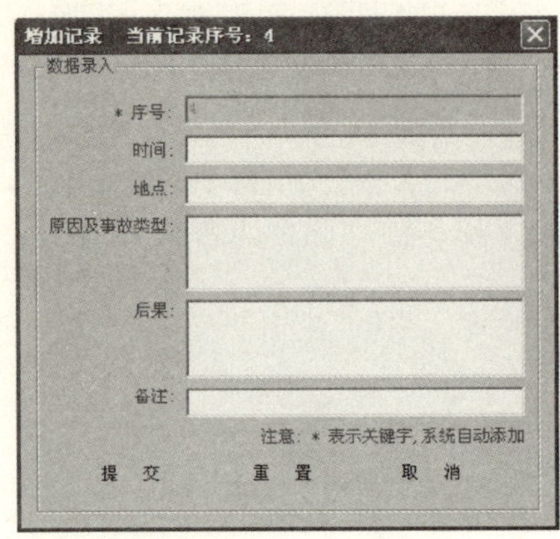

图 8-19　增加记录对话框

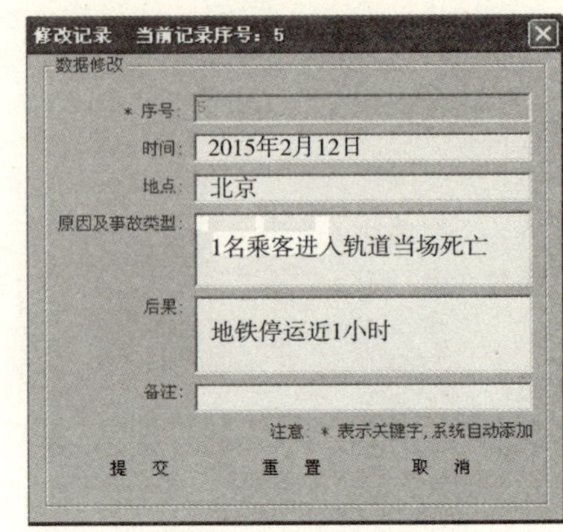

图 8-20　修改记录对话框

(5)移行操作：选中一条记录，点击向上的箭头，上移；点击向下箭头，下移。

(6)右键菜单：选中一条记录，点击右键，弹出一浮动菜单如图 8-22 所示。其中，“修改”和“删除”功能及操作同(2)、(3)。

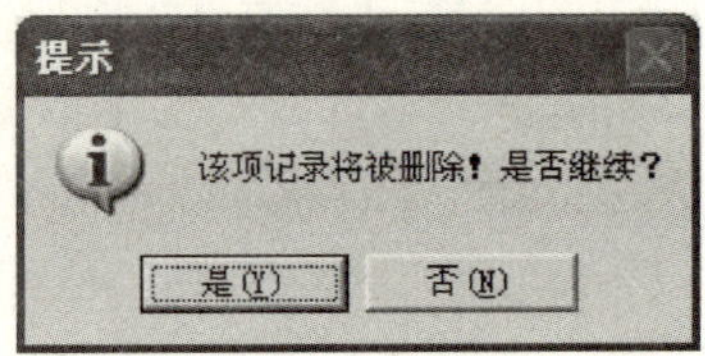

图 8-21　提示对话框

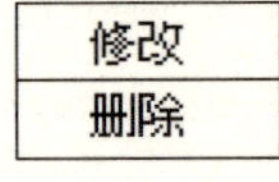

图 8-22　右键菜单

8.2.4　设备故障率数据库

设备故障率数据库包括：序号、设备名称、设备所属单位、故障发生时间、损失、备注，共 6 个数据项，其中序号为数据库的关键字项，用来标识事故案例数据库每条记录，是唯一的，不能重复，这项系统自动添加。

操作：

(1)增加记录：选择“编辑”菜单下的“增加记录”或者右侧“记录操作区”的“增加记录”，弹出“增加记录”对话框，如图 8-23 所示。填写各项的数据，点击“提交”按钮，完成增加操作；点击“重置”按钮，重新填写；点击“取消”按钮，取消增加记录操作。

(2)修改记录：修改当前选中的记录，选择“编辑”菜单下的“修改记录”或者右侧“记录操作区”的“修改记录”，弹出“修改记录”对话框，如图 8-24 所示。将记录修改完毕后，点击“提交”按钮，完成修改操作；点击“重置”按钮，重新填写；点击“取消”按钮，取消修改记录操作。

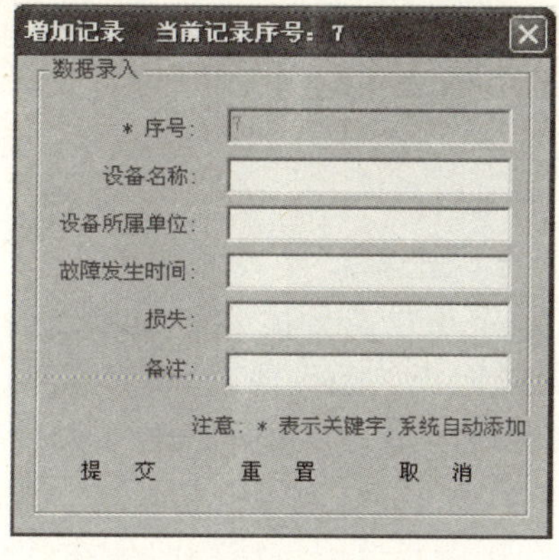

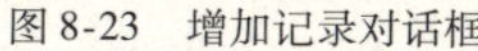
图 8-23　增加记录对话框

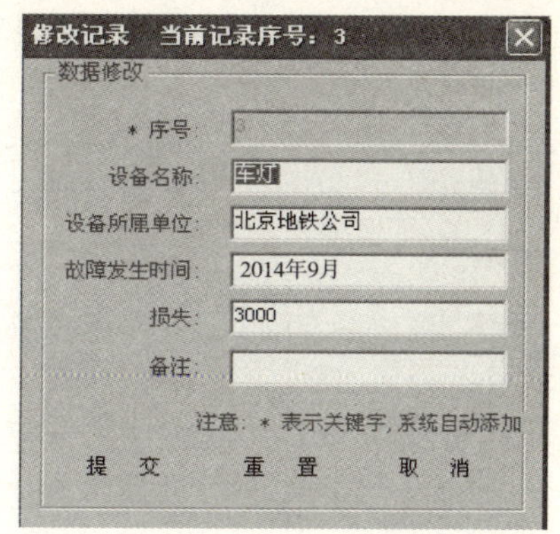

图 8-24　修改记录对话框

（3）删除记录：删除当前选中的记录，选择“编辑”菜单下的“删除记录”或者右侧“记录操作区”的“删除记录”，弹出“提示”对话框，如图 8-25 所示。提示是否继续，点击“是”，当前记录将被删除；点击“否”，取消删除操作。

（4）查询记录：选择“编辑”菜单下的“查询记录”或者右侧“记录操作区”的“查询记录”，在主界面的下方的“记录查询区”。

①精确查询：在“查询类别”的下拉列表中选择一个查询类别，在“关键字”后面的文本框中填入查询关键字，选择“精确查询”，点击“查询”按钮，查看查询结果。

②模糊查询：在“查询类别”的下拉列表中选择一个类别，选择“模糊查询”，点击“查询”按钮，查看查询结果。

（5）移行操作：选中一条记录，点击向上的箭头，上移；点击向下箭头，下移。

（6）右键菜单：选中一条记录，点击右键，弹出一浮动菜单，如图 8-26 所示。其中，“修改”和“删除”功能及操作同（2）、（3）。

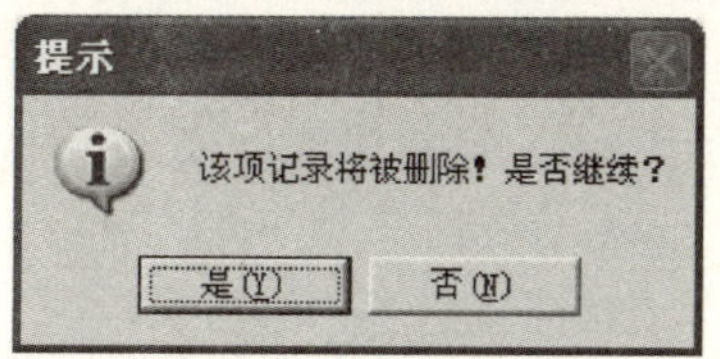

图 8-25　提示对话框

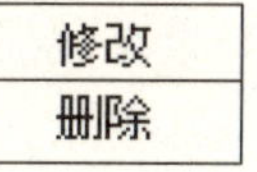

图 8-26　右键菜单

8.3　安全检查表系统

安全检查表系统包括：安全管理系统、运营管理系统、车辆系统、供电系统、消

安全管理系统
运营管理系统
车辆系统
供电系统
消防系统
线路系统
机电系统
通信系统
信号系统
环境与设备
自动售检票
维修基地
土建系统
外界环境

图 8-27　安全检查表系统菜单

防系统、线路系统、机电系统、通信系统、信号系统、环境与设备、自动售检票系统、维修基地、土建系统、外界环境，共 14 个系统，如图 8-27 所示。这些系统功能大致相同，都是安全检查表系统的一部分，基本操作也是相同的，所以这里仅以其中一个系统（车辆系统）为例说明其操作，其他类似。

车辆系统安全检查表整体界面如图 8-28 所示。在菜单下面是“评定项目及分值”和“分项及分值”两个编辑框。当鼠标选择一条记录时，将在这两个编辑框中分别显示该条记录这两项值的内容。如果一条记录是红色，则表示该记录“打分”值小于“分值”的 60%；如果是黄色则表示该记录“打分”值在“分值”的 60% 和 70% 之间；没有注释颜色则表示该记录“打分”值大于“分值”的 70%。其中“子项序号”为其数据库的关键字项，用来标识车辆系统安全检查表每条记录，是唯一的，不能重复。

操作：

（1）增加记录：选择“编辑”菜单下的“增加记录”或者右侧“记录操作区”的“增加记录”，弹出“增加记录”对话框，如图 8-29 所示。填写各项的数据，点击“提交”按钮，完成增加操作；点击“重置”按钮，重新填写；点击“取消”按钮，取消增加记录操作。这里需要注意这个安全检查表是经过大量分析数据建立起来的，所有记录在数值上有关联关系，所以不要轻易增加记录。

（2）修改记录：修改当前选中的记录，选择“编辑”菜单下的“修改记录”或者右侧“记录操作区”的“修改记录”，弹出“修改记录”对话框，如图 8-30 所示。将记录修改完毕后，点击“提交”按钮，完成修改操作；点击“重置”按钮，重新填写；点击“取消”按钮，取消修改记录操作。这里需要注意这个安全检查表是经过大量分析数据建立起来的，所有记录在数值上有关联关系，所以不要轻易修改任何一条记录。

（3）删除记录：删除当前选中的记录，选择“编辑”菜单下的“删除记录”或者右侧“记录操作区”的“删除记录”，弹出“提示”对话框，如图 8-31 所示。提示是否继续，点击“是”，当前记录将被删除；点击“否”，取消删除操作。这里需要注意这个安全检查表是经过大量分析数据建立起来的，所有记录在数值上有关联关系，所以不要轻易增加删除任何一条记录。

（4）查询记录：选择“编辑”菜单下的“查询记录”或者右侧“记录操作区”的“查询记录”，在主界面的下方的“记录查询区”：

①精确查询：在“查询类别”的下拉列表中选择一个查询类别，在“关键字”后面的文本框中填入查询关键字，选择“精确查询”，点击“查询”按钮，查看查询结果。

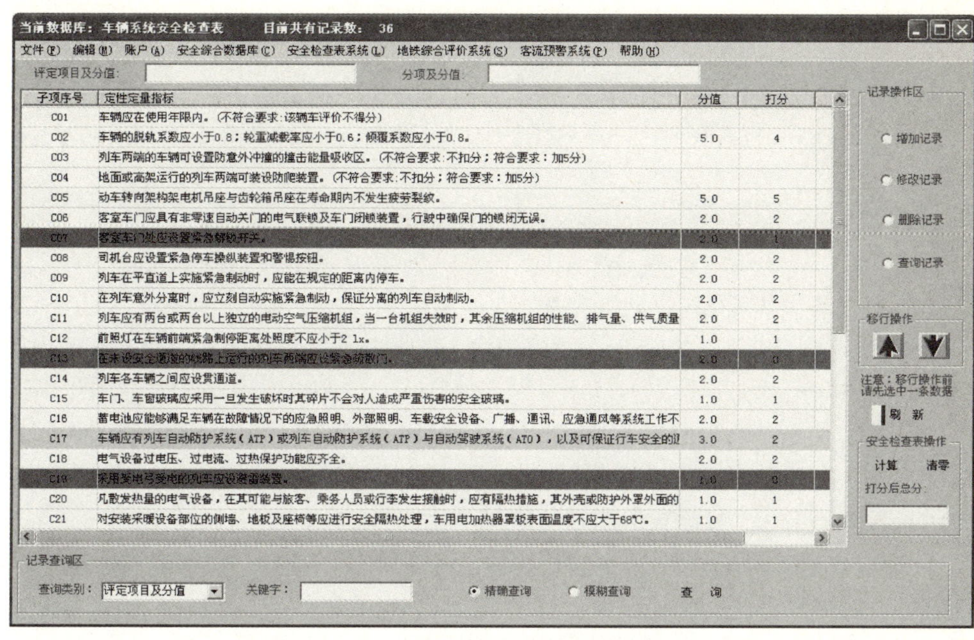

子项序号	定性定量指标	分值	打分
C01	车辆应在使用年限内。(不符合要求:该辆车评价不得分)		
C02	车辆的脱轨系数应小于0.8；轮重减载率应小于0.6；倾覆系数应小于0.8。	5.0	4
C03	列车两端的车辆可设置防意外冲撞的撞击能量吸收区。(不符合要求:不扣分；符合要求：加5分)		
C04	地面或高架运行的列车两端可装设防爬装置。(不符合要求:不扣分；符合要求：加5分)		
C05	动车转向架构架电机吊座与齿轮箱吊座在寿命期内不发生疲劳裂纹。	5.0	5
C06	客室车门应具有非零速自动关门的电气联锁及车门闭锁装置，行驶中确保门的锁闭无误。	2.0	2
C07	客室车门处应设置紧急解锁开关。	2.0	1
C08	司机台应设置紧急停车操纵装置和警惕按钮。	2.0	2
C09	列车在平直道上实施紧急制动时，应能在规定的距离内停车。	2.0	2
C10	在列车意外分离时，应立刻自动实施紧急制动，保证分离的列车自动制动。	2.0	2
C11	列车应有两台或两台以上独立的电动空气压缩机组，当一台机组失效时，其余压缩机组的性能、排气量、供气质量	2.0	2
C12	前照灯在车辆前端紧急制停距离处照度不应小于2 lx。	1.0	1
C13	在未设安全通道的线路上运行的列车两端应设紧急疏散门。	2.0	0
C14	列车各车辆之间应设贯通道。	2.0	2
C15	车门、车窗玻璃应采用一旦发生破坏时其碎片不会对人造成严重伤害的安全玻璃。	1.0	1
C16	蓄电池应能够满足车辆在故障情况下的应急照明、外部照明、车载安全设备、广播、通讯、应急通风等系统工作不	2.0	2
C17	车辆应有列车自动防护系统(ATP)或列车自动防护系统(ATP)与自动驾驶系统(ATO)，以及可保证行车安全的	3.0	2
C18	电气设备过电压、过电流、过热保护功能应齐全。	2.0	2
C19	采用受电弓受电的列车应设避雷装置。	1.0	0
C20	凡散发热量的电气设备，在其可能与旅客、乘务人员或行李发生接触时，应有隔热措施，其外壳或防护外罩外面的	1.0	1
C21	对安装采暖设备部位的侧墙、地板及座椅等应进行安全隔热处理，车用电加热器罩板表面温度不应大于68℃。	1.0	1

图 8-28　车辆系统安全检查表整体界面

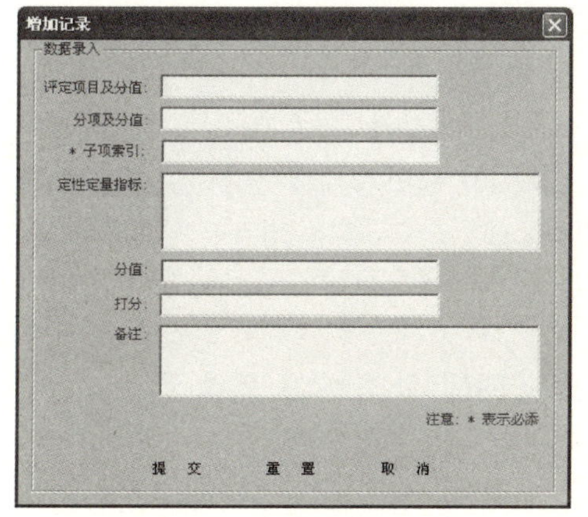

图 8-29　增加记录对话框

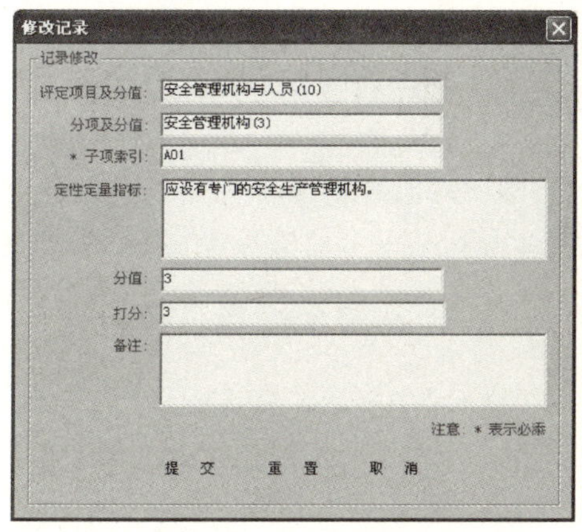

图 8-30　修改记录对话框

②模糊查询：在“查询类别”的下拉列表中选择一个类别，选择“模糊查询”，点击“查询”按钮，查看查询结果。

(5)移行操作：选中一条记录，点击向上的箭头，上移；点击向下箭头，下移。

(6)右键菜单：选中一条记录，点击右键，弹出一浮动菜单，如图8-32所示。其中，“修改”和“删除”功能及操作同(2)、(3)。这里需要注意这个安全检查表是经过大量分析数据建立起来的，所有记录在数值上有关联关系，所以不要轻易修改和删除任何一条记录。

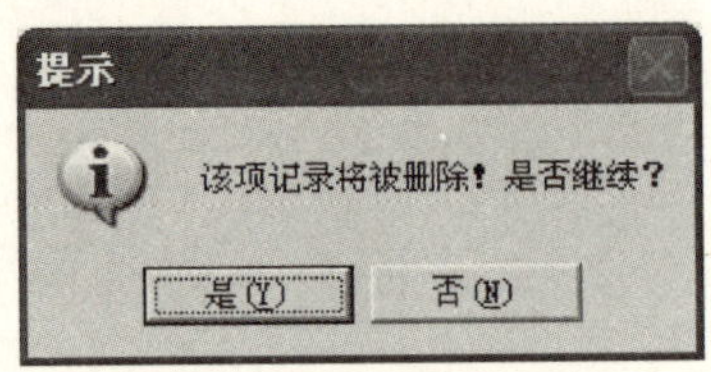

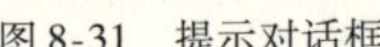

图8-31　提示对话框

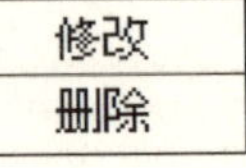

图8-32　右键菜单

(7)安全检查表操作：包括以下3项。

①打分：鼠标双击一条记录的“打分”项，该项会显示为可编辑状态，就可以输入分值进行打分。

②计算：点击界面右侧中下方的“计算”按钮，则将所有记录的打分结果保存到数据库中，并对所有打分进行累计和运算，得到所有打分的总分值，同时在按钮下方的“打分后总分”编辑框中把总分值显示出来。

③清零：点击界面右侧中下方的“清零”按钮，则将所有记录的打分都置为0，可以重新进行打分。

(8)“编辑”菜单中“保存修改”：这项功能与安全检查表操作中“计算”的功能是相同的。

8.4　地铁综合评价系统

地铁综合评价系统包括：地铁安全检查表评价、地铁模糊综合评价、事故风险指标评价，共3个评价系统，如图8-33所示。

8.4.1　地铁安全检查表评价

地铁安全检查表评价包括：汇总表和统计图两项，如图8-34所示。

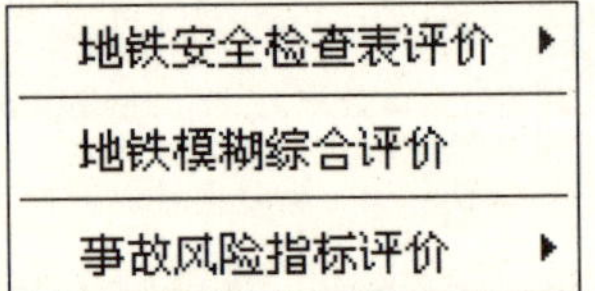

图8-33　地铁综合评价系统菜单

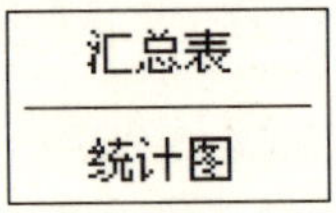

汇总表
统计图

图8-34　地铁安全检查表评价菜单

(1)汇总表：如图8-35所示，汇总表是将地铁安全检查表的14个系统的打分结果进行统计，通过表格形式显示。汇总表包括：索引、评价内容、权重、项目打分、备注，共6个数据项。汇总表是系统自动生成的统计结果，不能执行“增加记录”、“删除记录”以及“查询记录”操作。

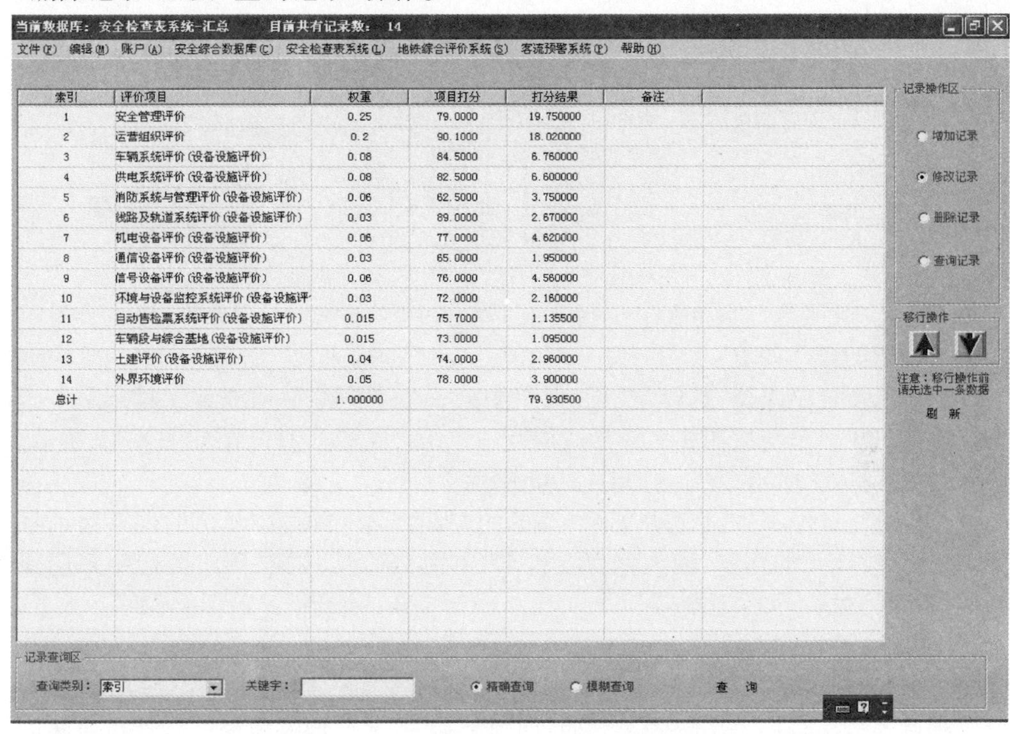

索引	评价项目	权重	项目打分	打分结果	备注
1	安全管理评价	0.25	79.0000	19.750000	
2	运营组织评价	0.2	90.1000	18.020000	
3	车辆系统评价(设备设施评价)	0.08	84.5000	6.760000	
4	供电系统评价(设备设施评价)	0.08	82.5000	6.600000	
5	消防系统与管理评价(设备设施评价)	0.06	62.5000	3.750000	
6	线路及轨道系统评价(设备设施评价)	0.03	89.0000	2.670000	
7	机电设备评价(设备设施评价)	0.06	77.0000	4.620000	
8	通信设备评价(设备设施评价)	0.03	65.0000	1.950000	
9	信号设备评价(设备设施评价)	0.06	76.0000	4.560000	
10	环境与设备监控系统评价(设备设施评	0.03	72.0000	2.160000	
11	自动售检票系统评价(设备设施评价)	0.015	75.7000	1.135500	
12	车辆段与综合基地(设备设施评价)	0.015	73.0000	1.095000	
13	土建评价(设备设施评价)	0.04	74.0000	2.960000	
14	外界环境评价	0.05	78.0000	3.900000	
总计		1.000000		79.930500	

图8-35　地铁安全检查表——汇总表对话框

汇总表的操作如下：

①修改记录：修改当前选中的记录，选择“编辑”菜单下的“修改记录”或者右侧“记录操作区”的“修改记录”，弹出“修改记录”对话框，如图8-36所示。将记录修改完毕后，点击“提交”按钮，完成修改操作；点击“重置”按钮，重新填写；点击“取消”按钮，取消修改记录操作。

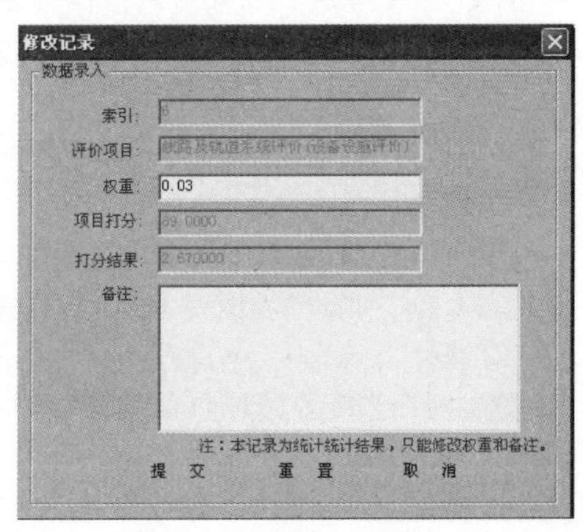

图8-36　修改记录对话框

②移行操作：选中一条记录，点击向上的箭头，上移；点击向下箭头，下移。

③右键菜单：选中一条记录，点击右键，弹出一浮动菜单如图8-37所示。其中，“修改”功能及操作同①。

(2)统计图：统计图是将地铁安全检

修改

图 8-37　右键菜单

查表的示 14 个系统的打分结果进行统计，通过图的形式直观化显示。统计图对话框整体界面如图 8-41 所示。有两个菜单，“文件”菜单和“设置”菜单。“文件”菜单下有一个菜单项：保存，如图 8-38 所示，“设置”菜单下有，线状图、直方图、饼状图，共 3 个菜单项，如图 8-39 所示。菜单下面还有个工具条，工具条包括 3 个图标，分别表示线状图、直方图、饼状图，它和“设置”菜单有同样的功能，如图 8-40 所示。

保存...

图 8-38　“文件”菜单下的菜单项

线状图

直方图

饼状图

图 8-39　“设置”菜单下的菜单项

图 8-40　工具条按钮

统计图的操作如下：

①显示统计结果图：选择“设置”菜单中的三个不同菜单项或者工具条上 3 个图标按钮可以显示与按钮相对应形式的同一个统计结果。直方图如图 8-41 所示，线状图如图 8-42 所示，饼状图如图 8-43 所示。

②保存统计结果图：选择“文件”菜单的“保存”菜单项，在弹出的保存对话框中，选择保存图片的路径，输入保存文件名，点击“确定”按钮，则将统计结果图保存为 BMP 格式。

8.4.2　地铁模糊综合评价系统

地铁模糊综合评价系统的主界面，如图 8-44 所示。地铁模糊综合评价系统的评价指标内容包括系统外部因素 3 项、系统指挥因素 4 项、设备设施系统因素 7 项、运营管理因素 4 项，共计 18 项。这些因素又分为“好”、“较好”、“合格”以及“不合格”4 个等级。专家可以根据自己对系统各个因素的系统的评价指标进行打分，多个专家打分的结果经过汇总，通过权重衡量，得到最终评价结果。

操作：

(1)专家打分：专家打分是地铁模糊综合评价系统的核心内容，操作分为如下几个步骤：

①选择专家个数：如图 8-44 所示，在“专家个数”下拉条中选择本次参与打分的专家人数。此时“当前专家”下拉条中显示“专家 1”。

②选择当前专家：如图 8-44 所示，在“当前专家”列表中鼠标选择当前要打分的专家，则在当前专家的前面出现“红勾”，表示当前的正在打分的专家编号。

③输入专家打分：如图 8-44 所示，鼠标单击界面右侧打分区域中的圆形标志，就可以打分。评价指标“好”、“较好”、“合格”以及“不合格”只能选择一项，选中后圆形区域中显示出一个小黑点。当全部评价内容打分都完成以后，再从“当前专

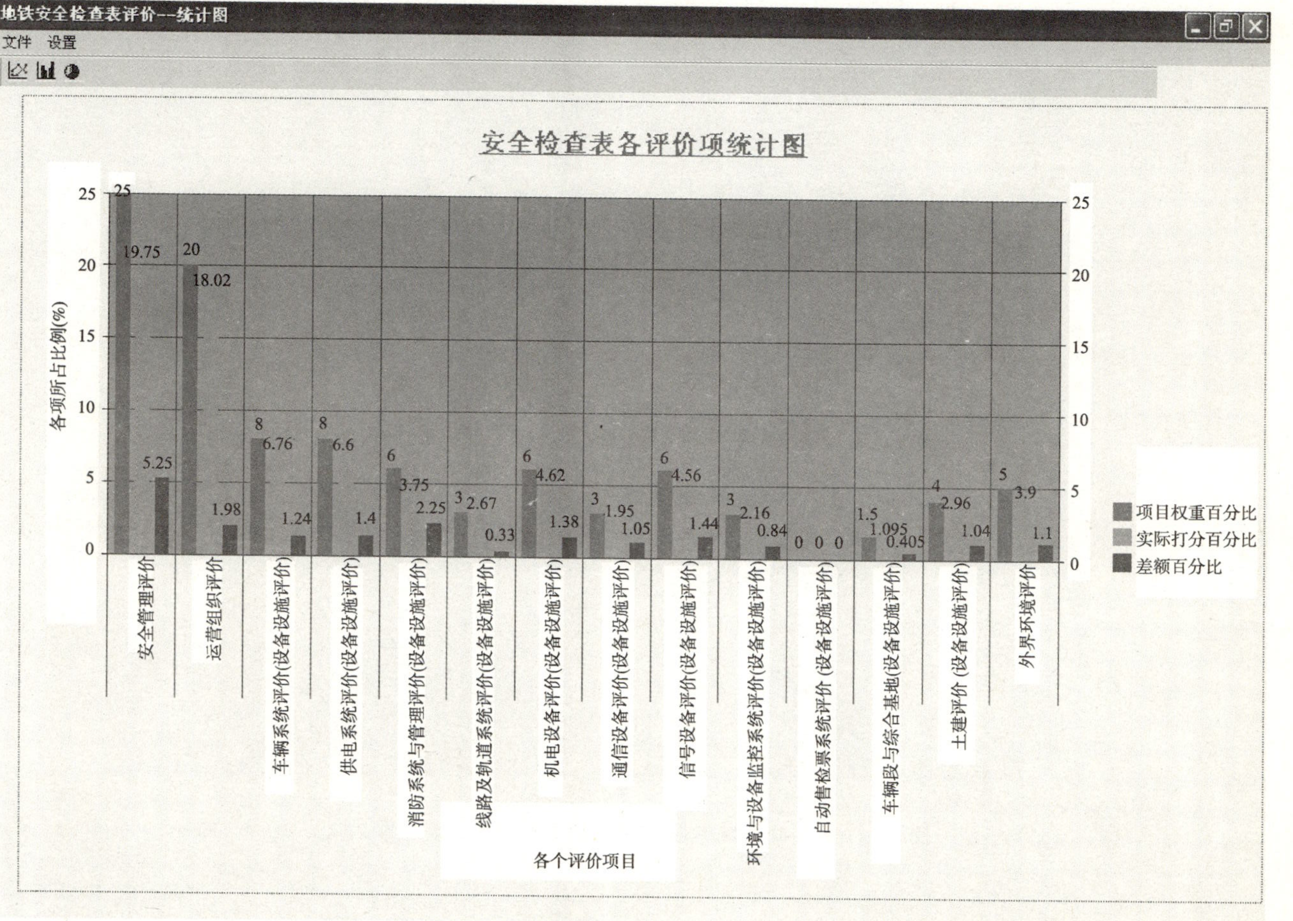

图 8-41　直方图统计结果

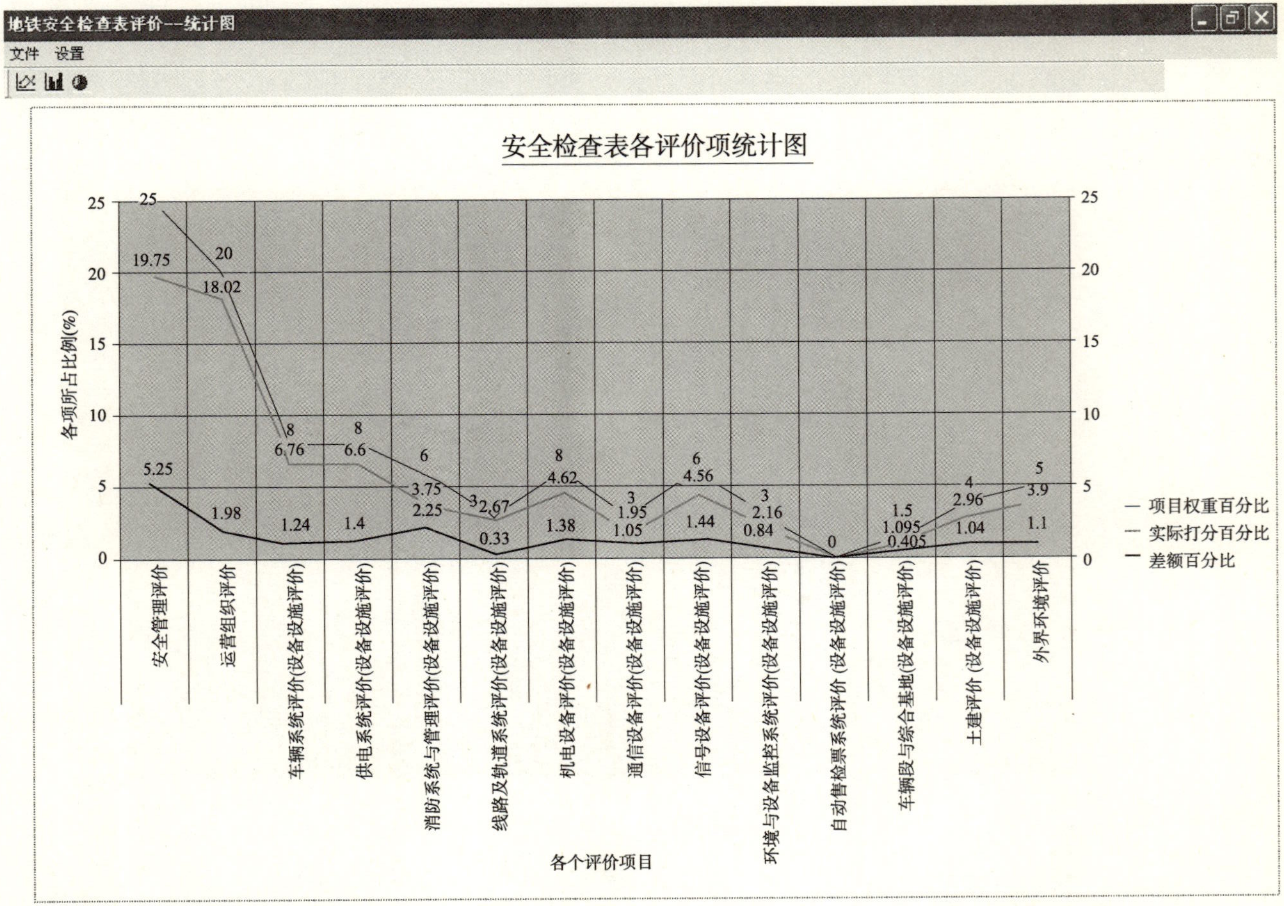

地铁安全检查表评价--统计图

文件 设置

安全检查表各评价项统计图

各项所占比例(%)

安全管理评价
运营组织评价
车辆系统评价(设备设施评价)
供电系统评价(设备设施评价)
消防系统与管理评价(设备设施评价)
线路及轨道系统评价(设备设施评价)
机电设备评价(设备设施评价)
通信设备评价(设备设施评价)
信号设备评价(设备设施评价)
环境与设备监控系统评价(设备设施评价)
自动售检票系统评价 (设备设施评价)
车辆段与综合基地(设备设施评价)
土建评价 (设备设施评价)
外界环境评价

各个评价项目

— 项目权重百分比
— 实际打分百分比
— 差额百分比

图 8-42 线状图统计结果

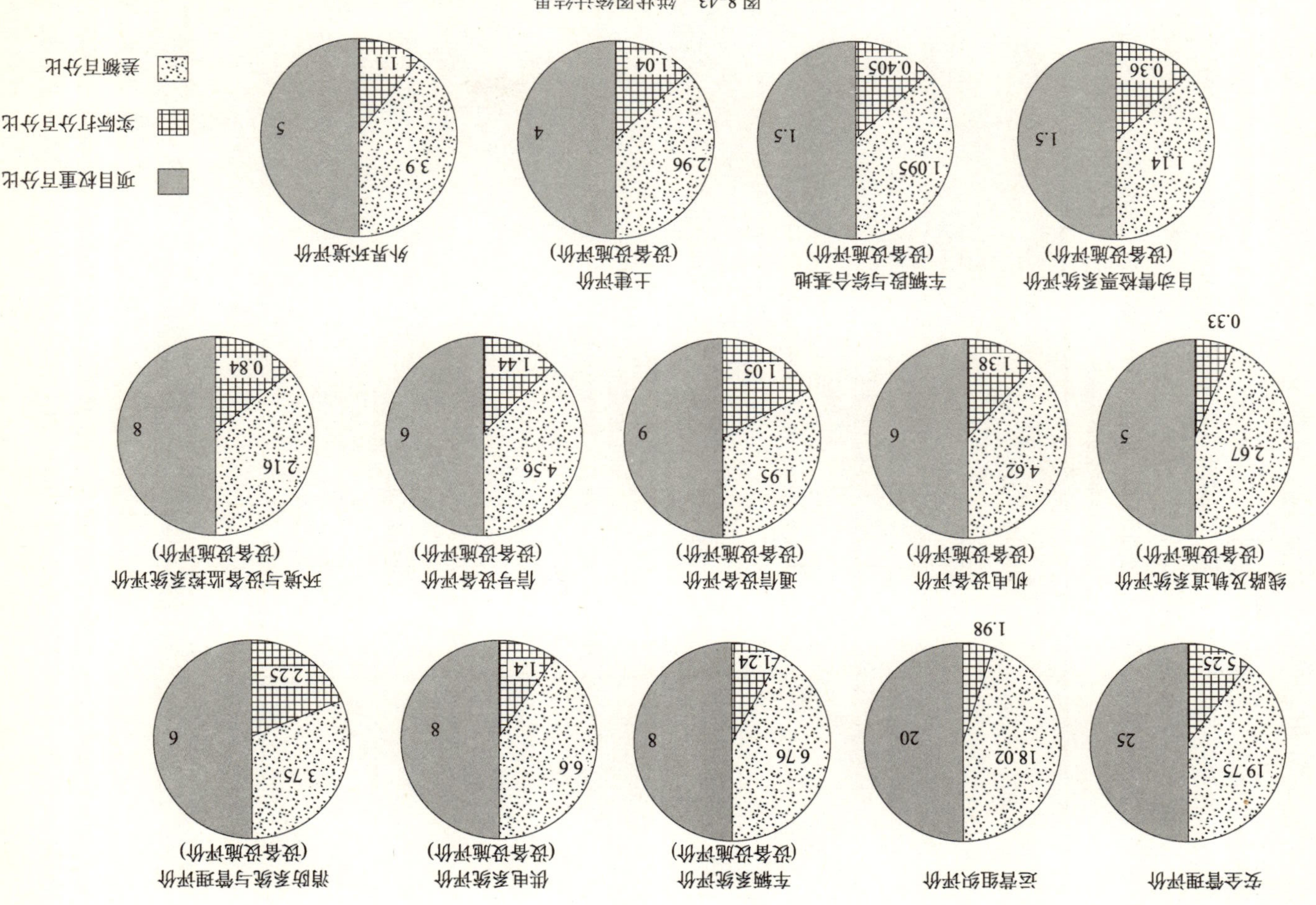

图 8-43 饼状图统计结果

家”列表中选择一位专家进行打分。为确保每一项评价内容都进行了打分，如果当前专家打分中某个评价内容没有打分，则出现如图8-45所示的提示，则不能进入下一位专家打分。“当前专家”列表中已经结束打分的专家会出现“（已）”字样；没有打分结束的专家会出现“（未）”字样。另外，如果对于输入打分不满意，则可以点击“重置”按钮，这样所有输入表格中打分都将清空。

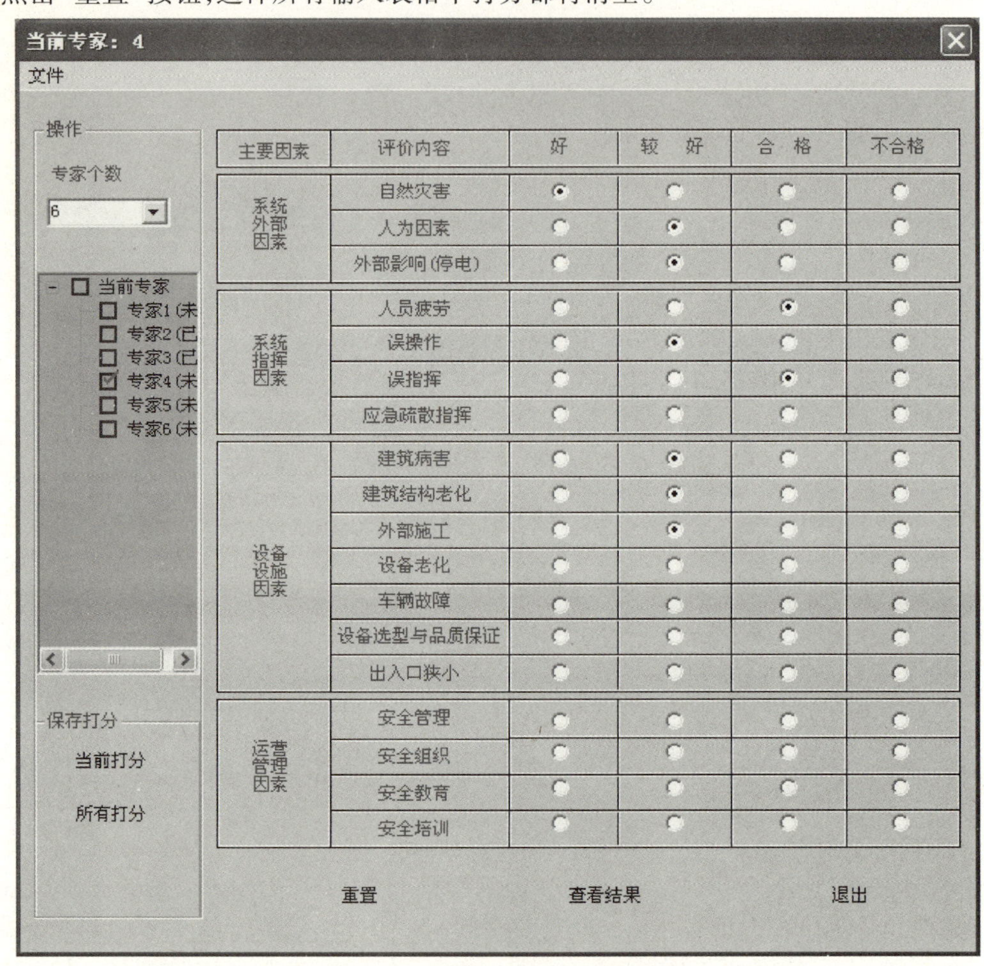

图8-44 地铁模糊综合评价系统主界面

④查看各个专家打分：如图8-44所示，如果所有打分结果都已经输入完成，则可以通过选择“当前专家”列表中的打分的专家来浏览当前专家的打分结果。

(2)保存专家打分：分为“保存当前专家打分”和“保存所有专家打分”。“保存当前专家打分”就是对于当前专家打分结果进行保存，如图8-44所示，点击“保存打分”区域中的“当前打分”按钮或者选择“文件”菜单中“保存当前专家打分”菜单项（图8-46），弹出保存对话框，选择保存路径，输入保存文件名，点击“确定”按钮，当前专家打分则保存为 Excel 格式;“保存所有专家打分”对于所有专家打分结果进行保存,如图 8-44 所示,保存“打分”区域中的“所有打分”按钮或者选择“文件”菜单中“保存所有打分”菜单项(图 8-46),弹出保存对话框,选择保存路径,输入保存文件名,点击“确定”按钮,则所有专家打分则保存为 Excel 格式,并保存到一个文件夹中。

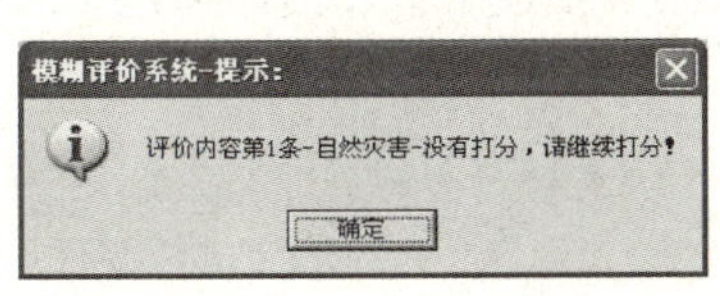

图 8-45　评价指标总体结果不等于 1 的提示对话框

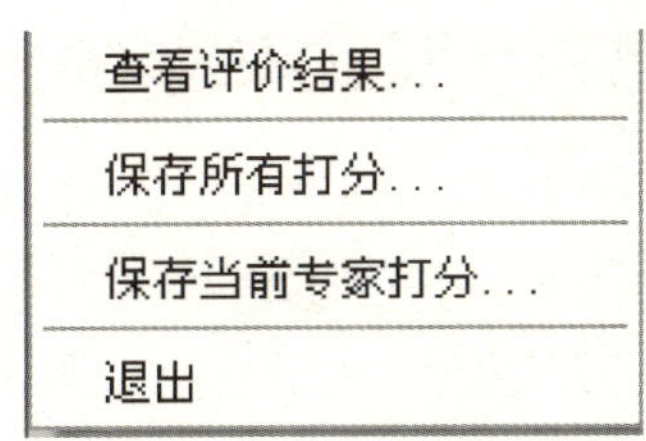

图 8-46　文件菜单中各个菜单项

(3)查看打分结果:打分结束以后,如图 8-44 所示,点击“查看结果”按钮或者选择“文件”菜单中“查看评价结果”菜单项(图 8-46),则弹出“专家打分结果”对话框,如图 8-47 所示,上面显示有“地铁安全系统总体模糊综合评价汇总表”,可以选择这里的“文件”菜单中的“导出结果”菜单项,该表保存为 Excel 格式。

8.4.3　事故风险指标评价

事故风险指标评价包括:事故等级分类、风险指标评价,共两项,如图 8-48 所示。

(1)事故等级分类的分类表,主要是为了提示“事故风险指标评价”中事故的事故是如何划分的。

操作:

修改“事故等级分类表”:如图 8-49 所示,点击“修改”复选框,事故等级分类表的所有表格处于修改状态,变得可以编辑了。修改好后,点击“提交修改”按钮,则将所修改的内容保存到数据库中。

(2)风险指标评价:界面如图 8-50 所示,地铁事故安全评价计算表包括:索引、城市、线路名称、年份、月份、特别重大事故、重大事故、大事故、险性事故、一般事故、事故苗子、折算事故单位(起)、运量(万人次)、运营里程(万 km)、年度百万 km 等效事故率(个/百万车 km),共 15 个数据项。

操作:

①增加记录:选择“编辑”菜单下的“增加记录”或者右侧“记录操作区”的“增加记录”,弹出“增加记录”对话框,如图 8-51 所示。填写各项的数据,点击“折算事故单位”按钮,则将填入的“特别重大事故、重大事故、大事故、险性事故、一般事故、事故苗子”等六类事故按照权重折合成特定事故单位,并显示在下面的编辑框中;点击“百万 km 等效事故率”按钮,则计算等效事故率,并显示在下面的编辑框

中，同时，在界面右下方的“风险水平划分”中的彩色图形中显示“百万 km 等效事故率”的当前风险是否可以接受（其中，红色区域表示风险很大，不可接受；黄色区域表示有风险，但可接受；绿色区域表示风险很小，可以忽略不计）。最后点击“提交”按钮，完成增加操作；点击“重置”按钮，重新填写；点击“取消”按钮，取消增加记录操作。

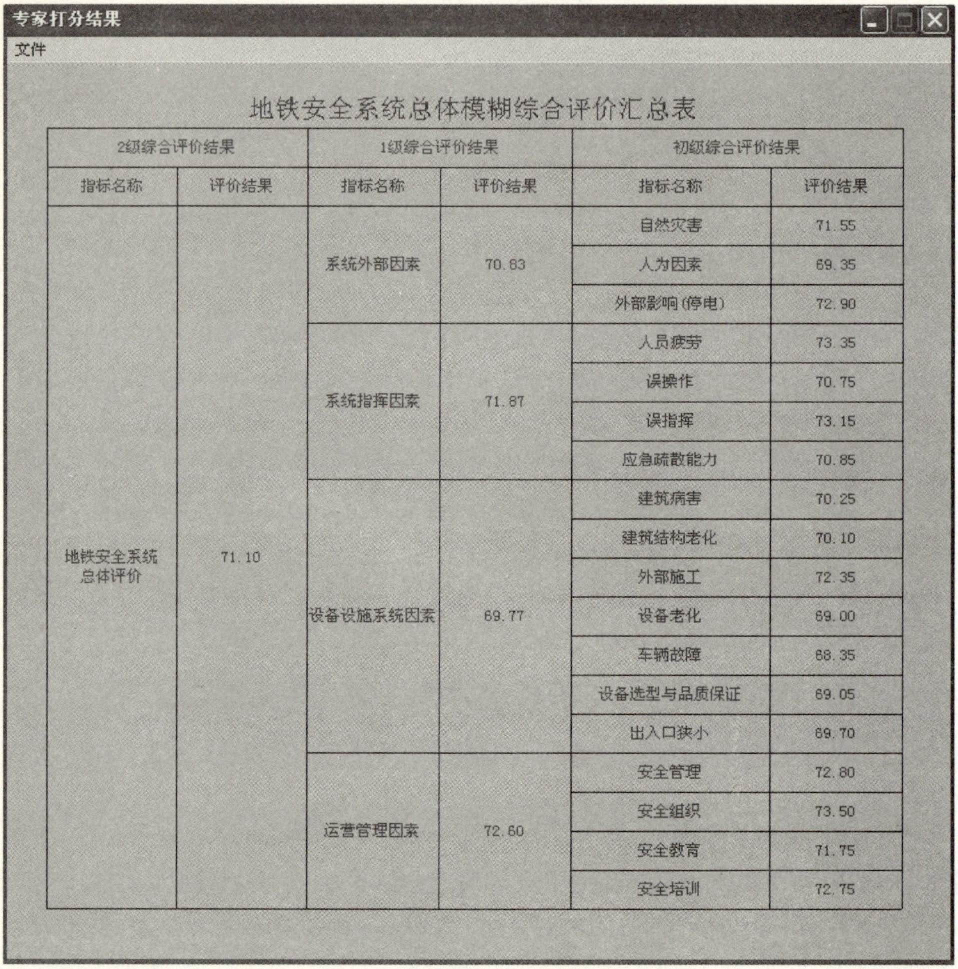

专家打分结果

文件

地铁安全系统总体模糊综合评价汇总表

2级综合评价结果		1级综合评价结果		初级综合评价结果	
指标名称	评价结果	指标名称	评价结果	指标名称	评价结果
地铁安全系统总体评价	71.10	系统外部因素	70.83	自然灾害	71.55
				人为因素	69.35
				外部影响（停电）	72.90
		系统指挥因素	71.87	人员疲劳	73.35
				误操作	70.75
				误指挥	73.15
				应急疏散能力	70.85
		设备设施系统因素	69.77	建筑病害	70.25
				建筑结构老化	70.10
				外部施工	72.35
				设备老化	69.00
				车辆故障	68.35
				设备选型与品质保证	69.05
				出入口狭小	69.70
		运营管理因素	72.60	安全管理	72.80
				安全组织	73.50
				安全教育	71.75
				安全培训	72.75

图 8-47　专家打分结果对话框

②修改记录：修改当前选中的记录，选择“编辑”菜单下的“修改记录”或者右侧“记录操作区”的“修改记录”，弹出“修改记录”对话框，如图 8-52 所示。修改各项的数据，点击“折算事故单位”按钮，则将填入的“特别重大事故、重大事故、大事故、危险

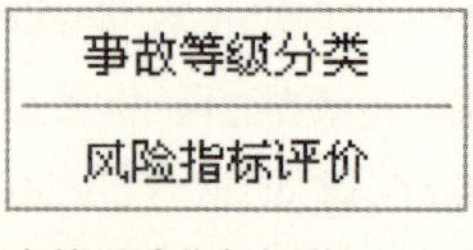

事故等级分类

风险指标评价

图 8-48　事故风险指标评价下面两个菜单项

性事故、一般事故、事故苗子”等六类事故按照权重折合成特定事故单位，并显示在下面的编辑框中；点击“百万 km 等效事故率”按钮，则计算等效事故率，并显示在下面的编辑框中，同时，在界面右下方的“风险水平划分”中的彩色图形中显示“百万 km 等效事故率”的当前风险是否可以接受(其中，红色区域表示风险很大，不可接受；黄色区域表示有风险，但可接受；绿色区域表示风险很小，可以忽略不计)。将记录修改完毕后，点击“提交”按钮，完成修改操作；点击“重置”按钮，重新填写；点击“取消”按钮，取消修改记录操作。

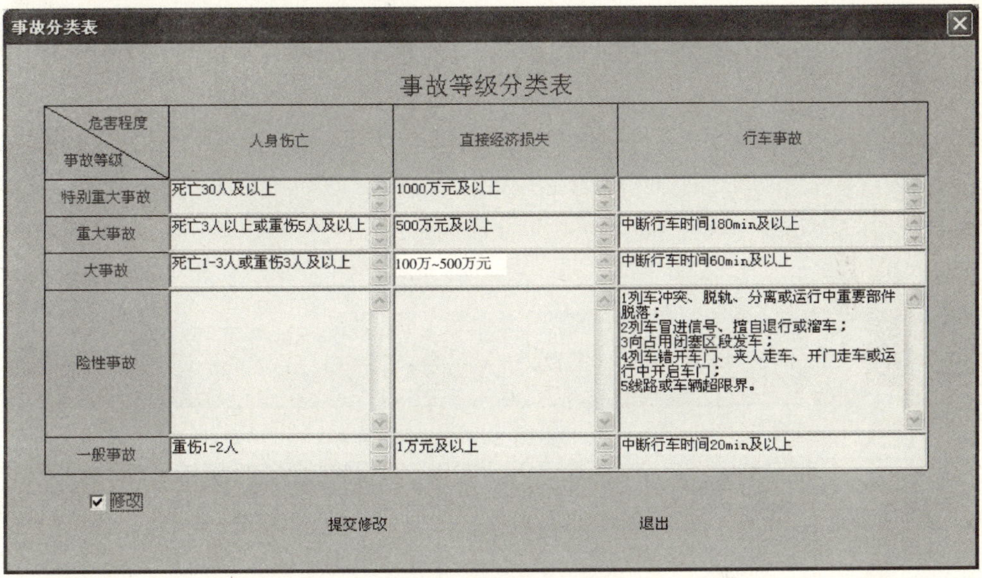

事故分类表

事故等级分类表

危害程度 / 事故等级	人身伤亡	直接经济损失	行车事故
特别重大事故	死亡30人及以上	1000万元及以上	
重大事故	死亡3人以上或重伤5人及以上	500万元及以上	中断行车时间180min及以上
大事故	死亡1-3人或重伤3人及以上	100万~500万元	中断行车时间60min及以上
险性事故			1列车冲突、脱轨、分离或运行中重要部件脱落； 2列车冒进信号、擅自退行或溜车； 3向占用闭塞区段发车； 4列车错开车门、夹人走车、开门走车或运行中开启车门； 5线路或车辆超限界。
一般事故	重伤1-2人	1万元及以上	中断行车时间20min及以上

☑修改　　提交修改　　退出

图 8-49　事故等级分类表修改状态

③删除记录：删除当前选中的记录，选择“编辑”菜单下的“删除记录”或者右侧“记录操作区”的“删除记录”，弹出“提示”对话框，如图 8-53 所示。提示是否继续，点击“是”，当前记录将被删除；点击“否”，取消删除操作。

④查询记录：选择“编辑”菜单下的“查询记录”或者右侧“记录操作区”的“查询记录”，主界面的下方的“记录查询区”(如图 8-50 所示)，在“城市”的下拉列表中选择地铁所在城市，在“线路名称”的下拉列表中选择地铁的名称，在“年份”的下拉列表中选择记录的年份，在“起始月份”的下拉列表中选择查询记录的起始月，在“终止月份”的下拉列表中选择查询记录的终止月，查询的结果的记录就在这两个月份之间，点击“查询”按钮，查看查询结果。

⑤查看结果是否可接受：选中一条记录，就可以在系统界面的右中下部(如图 8-51 所示)彩色图形中看到该条记录的“风险水平划分”的当前风险是否可以接受(其中，红色区域表示风险很大，不可接受；黄色区域表示有风险，但可接受；绿色区域表示风险很小，可以忽略不计)。

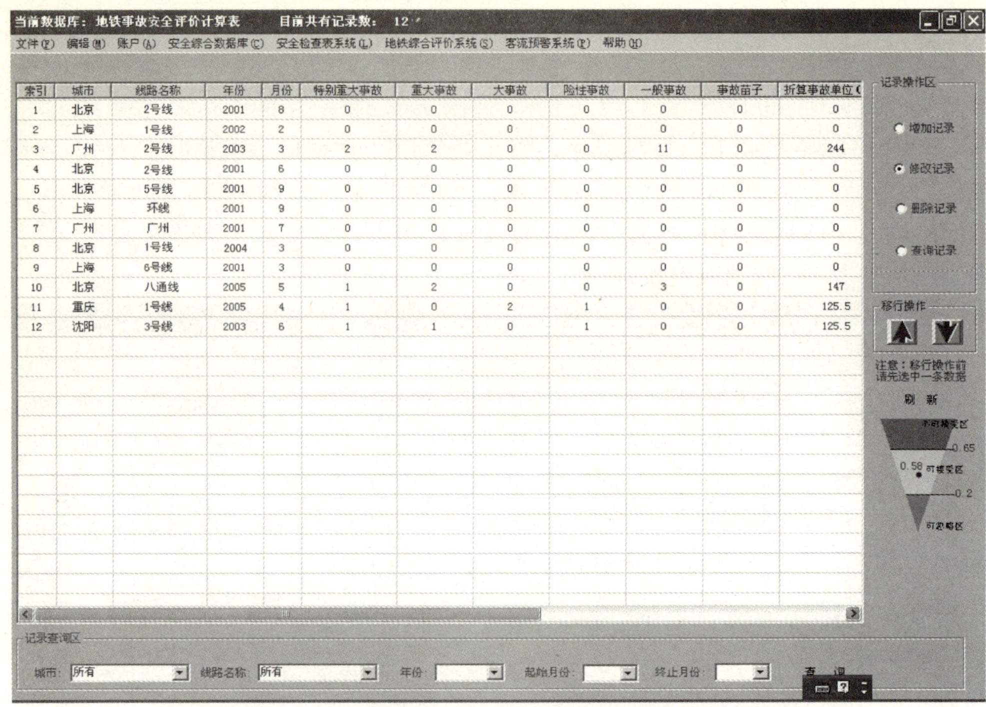

索引	城市	线路名称	年份	月份	特别重大事故	重大事故	大事故	险性事故	一般事故	事故苗子	折算事故单位
1	北京	2号线	2001	8	0	0	0	0	0	0	0
2	上海	1号线	2002	2	0	0	0	0	0	0	0
3	广州	2号线	2003	3	2	2	0	0	11	0	244
4	北京	2号线	2001	6	0	0	0	0	0	0	0
5	北京	5号线	2001	9	0	0	0	0	0	0	0
6	上海	环线	2001	9	0	0	0	0	0	0	0
7	广州	广州	2001	7	0	0	0	0	0	0	0
8	北京	1号线	2004	3	0	0	0	0	0	0	0
9	上海	6号线	2001	3	0	0	0	0	0	0	0
10	北京	八通线	2005	5	1	2	0	0	3	0	147
11	重庆	1号线	2005	4	1	0	2	1	0	0	125.5
12	沈阳	3号线	2003	6	1	1	0	1	0	0	125.5

图 8-50　地铁事故安全评价计算表

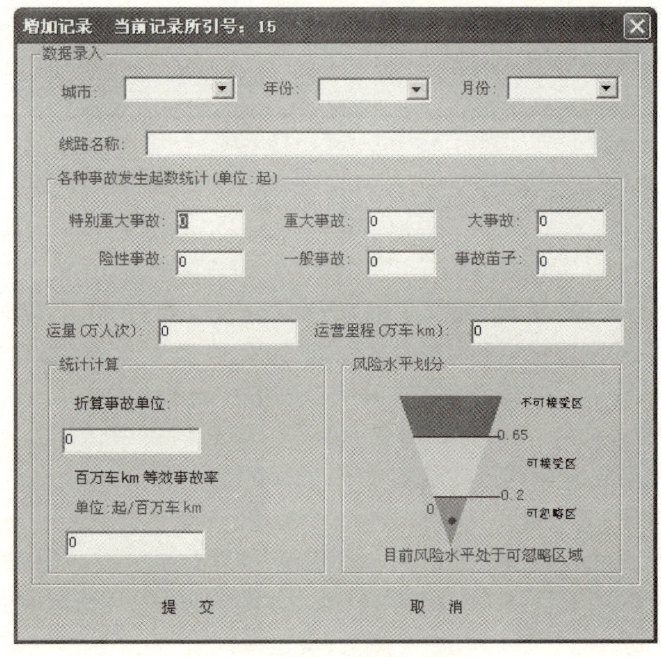

图 8-51　增加记录对话框

⑥右键菜单：选中一条记录，点击右键，弹出一浮动菜单如图 8-54 所示。其中，“修改”和“删除”功能及操作同②③。

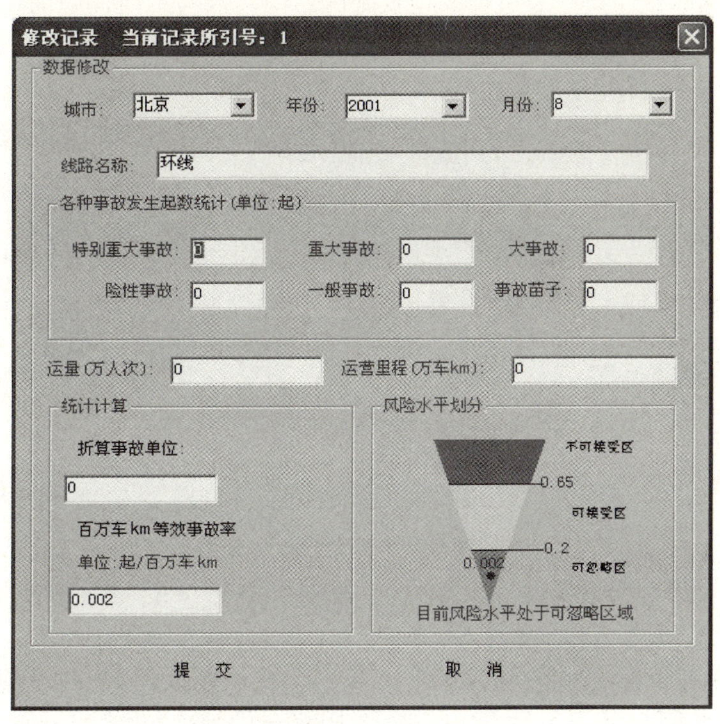

图 8-52　修改记录对话框

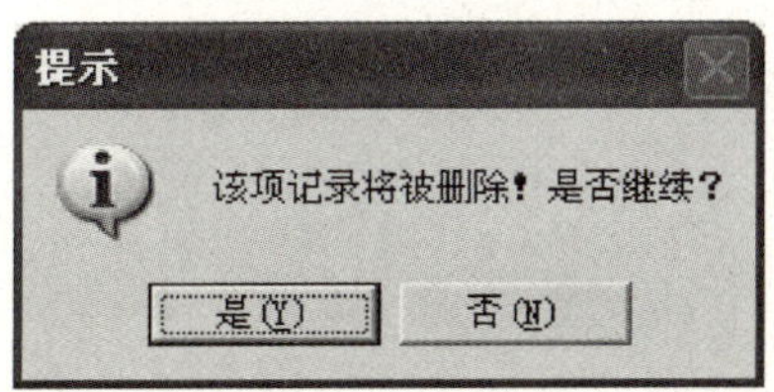

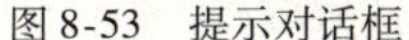

图 8-53　提示对话框

图 8-54　右键菜单

⑦移行操作：选中一条记录，点击向上的箭头，上移；点击向下箭头，下移。

8.5　客流预警系统

客流预警系统菜单包括：客流预警系统、客流预警数据库，共 2 个菜单项。如图 8-55 所示。

8.5.1 客流预警系统

客流预警系统主要是通过计算地铁站的站内人数与站内面积的比值,进行地铁站内拥挤程度预警。这种预警程度是实时的,在某个时间段或时间点上的。系统界面如图 8-56 所示。

客流预警系统
客流预警数据库

图 8-55　客流预警系统菜单

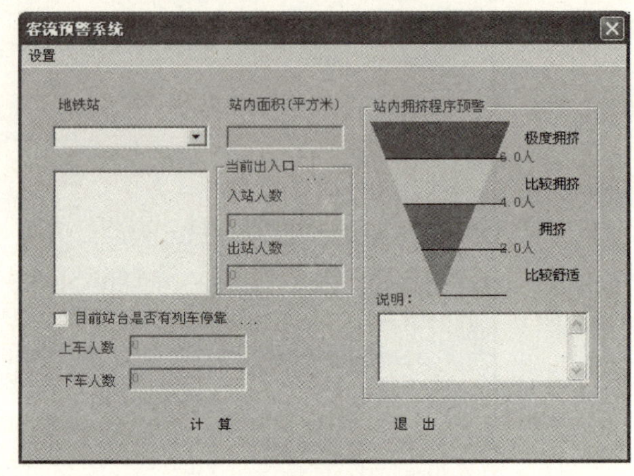

图 8-56　客流预警系统对话框

操作:

(1)计算拥挤程度预警:这是系统核心功能,主要包括如下几个步骤:

①选择地铁站:如图 8-56 所示的界面中的选择“地铁站”下拉列表中任意一个地铁站,就会在“站内面积”的编辑框中显示该地铁站的面积,在列表框中显示该地铁站的出入口数量和各个出入口名称,结果如图 8-57 所示。

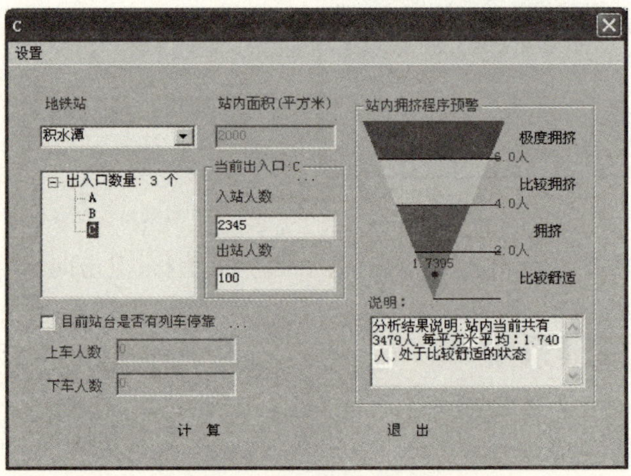

图 8-57　客流预警系统操作界面

②输入各个出入口的出入站人数：如图 8-57 所示，在显示出入口数量和各个出入口名称的列表框中点击出入口名称，例如点击了“A”，这时旁边的字段就显示“当前出入口：A”，然后输入该出入口的“入站人数”与“出站人数”。这样通过点击出入口名称依次输入所有出入站口的出入站人数。

③选择目前是否列车停靠：如图 8-57 所示，如果当前有列车停靠则选择“目前站台是否有列车停靠”复选框，否则忽略。如果选择，则输入“上车人数”与“下车人数”。

④计算拥挤程度：点击“计算”按钮，则计算拥挤程度，并将计算的结果与预警说明显示在界面右下方的“说明”编辑框中，同时，在界面右上方的“站内拥挤程度预警”中的彩色图形中显示拥挤程度预警（其中，红色区域表示当前站内单位面积内人很多，处于极度拥挤状态；黄色区域表示当前站内单位面积内人数比较多，处于相当拥挤状态；蓝色区域表示当前站内单位面积内人数还可以容忍，处于拥挤状态；绿色区域表示当前站内单位面积内人数不多，站内比较舒适）。

（2）读取出入口进出站人数：这个功能对应上一个功能“计算拥挤程度预警”操作的第二步“输入各个出入口的出入站人数”中手动输入出入站人数，是自动从文件读取当前出入口进出站人数；如图 8-57 所示，点击“当前出入口”区域中的“…”按钮，则可以从指定文件中读入该出入口的出入站人数，同时该出入口进出人数无法手动输入。

（3）读取上下车人数：这个功能对应上一个功能“计算拥挤程度预警”操作的第三步“选择目前是否列车停靠”中手动输入上下车人数，是自动从文件读取当前停靠列车上下车人数；如图 8-57 所示，点击选择框“目前站台是否有列车停靠”后面的 “…”按钮，则可以从指定文件中读入当前停靠列车上下车人数，同时列车上下车人数无法手动输入。注意当选择框“目前站台是否有列车停靠”打勾后才能，点击“…”按钮才会有反应。

（4）“设置”菜单操作：如图 8-58 所示，“设置”菜单有两个菜单项“风险区域间隔”和“读入文件路径”。

风险区域间隔...
读入文件路径

图 8-58 “设置”菜单菜单项

①“风险区域间隔”：选择“风险区域间隔”菜单项，弹出“风险间隔划分”对话框，如图 8-59 所示。用三个间隔数来区分四个间隔（极度拥挤、比较拥挤、拥挤和比较舒适），修改这三个数字，点击“确定”按钮，则设置结束。

②“读入文件路径”：选择“读入文件路径”菜单项，弹出“修改读取文件路径”对话框，如图 8-60 所示。可以选择“出入口进出人数文件”的路径以及“上下车人数”的文件路径。两个的操作都是相似的，这里以选择“出入口进出人数文件”路径为例。点击对应的“浏览”按钮，则弹出选择文件路径的对话框，找到保存出入口进出站人数的指定文件。点击“确定”，则在对话框编辑框中显示出指定文件的

路径,点击"确定"按钮,则设置结束。

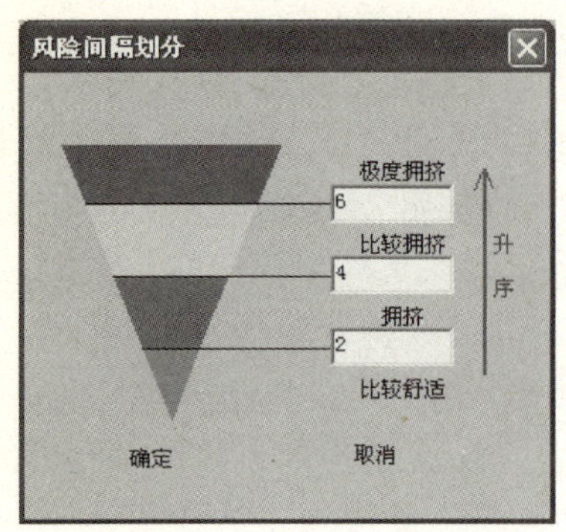

图 8-59　风险间隔划分对话框

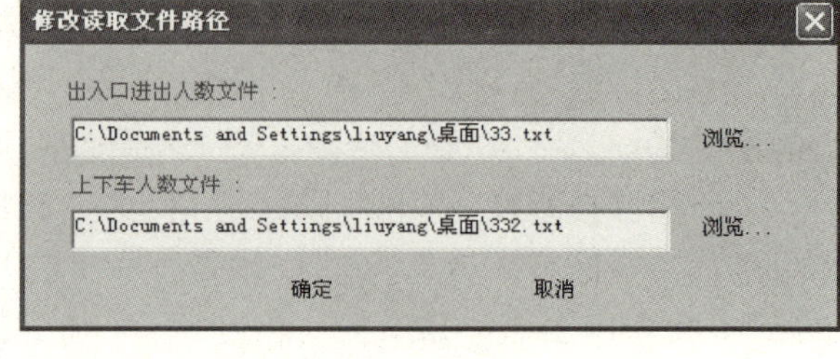

图 8-60　修改读取文件路径对话框

8.5.2　客流预警数据库

客流预警数据库:主要是为客流预警系统中的相关应用提供数据支持。系统界面如图 8-61 所示。

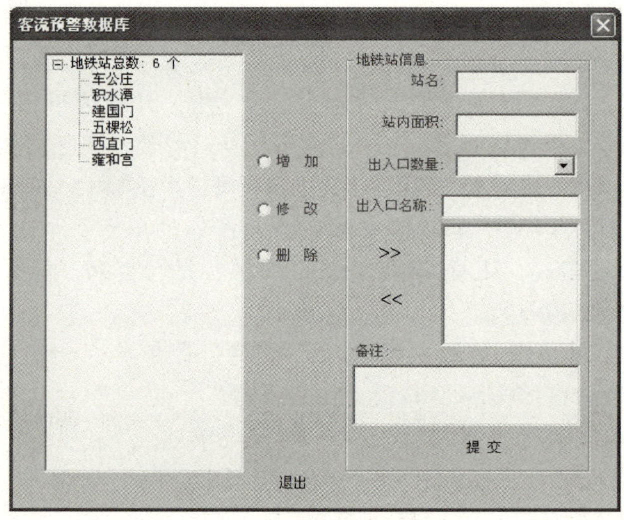

图 8-61　客流预警数据库对话框

(1)增加记录:如图 8-61 所示,点击界面中间的"增加"单选框,然后在"地铁站信息"区域内输入"站名"(为数据库的关键字项,用来标识"客流预警数据库"中每条记录,是唯一的,不能重复)、"站内面积",选择"出入口数量"下拉列表中的数字,然后在"出入口名称"编辑框中输入该站的各个出入口名称,输入一个点击一下" >> "按钮,则在下面列表框中列出一个;如果某个出入口名称输入错误,则选择这个名称,再点击" << "按钮将该名称删除。最后都输入完毕后,点击"提交"按

钮，则完成操作。

(2)修改记录：如图 8-61 所示，点击界面中间的“修改”单选框，则在“地铁站信息”区域内显示该站的所有信息(包括：站名、站内面积、出入口总数量、各个出入口名称、备注，共 5 项)。修改后，点击“提交”按钮，则完成操作。

(3)删除记录：如图 8-61 所示，选择界面左侧类表框中的一个站名，再点击界面中间的“修改”单选框，弹出“提示”对话框，提示是否继续，点击“是”，当前记录将被删除；点击“否”，取消删除操作。

参考文献

[1] 魏平安. 巴库地铁火灾的教训[J]. 消防技术与产品信息,1996,8:33.

[2] Simcox S et al. Simulation of the flows of hot gases from the fire at King's Cross underground station[J]. Fire Safety Journal,1992,8(1): 49-74.

[3] Li Silas K L,Kennedy W D. CFD analysis of station fire conditions in the Buenos Aires subway system[J]. ASHRAE Transactions,1999,105(1): 410-413.

[4] Li Xianting,Yan Qisen. Numerical analysis of smokemovement in subway[J]. Fire Safety Science,1993,2(2): 6-13.

[5] Cheng L H,Ueng T H,Liu C W. Simulation of ventilation and fire in the underground facilities[J]. Fire Safety Journal,2001,36(6): 597-619.

[6] Chen Falin,Guo Shia-Chang Chuay He-Yuan et al. Smoke control of fires in subway stations [J]. Theoretical and Computational Fluid Dynamics, 2003, 16: 349-368.

[7] J. G. Quintiere. Scaling applications in fire research[J]. Fire Safety Journal,1989, 15(1): 1-12.

[8] Moodie K,Jagger S F. The King's Cross fire: Results and analysis from the scale model tests[J]. Fire Safety Journal,1992,8(1): 83-104.

[9] 张兴凯. 地下工程火灾原理及应用[M]. 北京:首都经济贸易大学出版社,1997.

[10] 陈玉明,霍然. 自由空间木垛火蔓延速率及质量燃烧速率模型[J]. 上海交通大学学报,1998,32(1):66-70.

[11] 董华, 张人杰, 范维澄. 烟气自通道向中厅大空间扩散的实验研究[J]. 火灾科学,1995,4(3):60-66.

[12] J. H. Klote. Smoke movement in buildings[M]. Fire Protection Handbook,18th Edition. NFPA,Quincy,MA,1997.

[13] 周心权,谢旭阳,刘国法. 火灾烟流在建筑通道中流动的温度变化规律[J]. 中国矿业大学学报,2002,31(3): 221-224.

[14] Jones W W,Forney G P,Peacock R D. A technical reference for CFAST: an engineering tool for estimating fire and smoke transport [M]. National Institute of Standards and Technology,Building and Fire Research Laboratory,January,2000.

[15] Chow W K. Simulation of tunnel fires using a zone model[J]. Tunnelling and Underground Space Technology,1996,11(2): 221-236.

[16] 胡隆华,霍然,李元洲,等. 大尺度空间中烟气运动工程分析的多单元区域模拟方法[J]. 中国工程科学,2003,5(8):59-63.

[17] Gann R G, Babrauskas V, Peacock R D et al. Fire conditions for smoke toxicity measurement[J]. Fire and Materials,1994,18:193-199

[18] 金磊. 以人为本实现小康安全:韩国大邱市地铁火灾惨案的启示[J]. 城市与减灾,2003, 2:14-17.

[19] Shields T. J, Boyce K. E. A study of evacuation from large retail stores[J]. Fire Safety Journal. 2000,35(1): 25-49.

[20] N. R. Johnson, W. E. Feinberg. the impact of exit instructions and number of exits in fire emergencies[J]. a computer simulation investigation. Journal of Environment Psychology. 1997,17: 123-133.

[21] Y. Hasemi, G. Mizukami, T. Yamada. a study for the fire safety planning of the himeji-jo castle[J]. main tower. Fire Technology. 2002,38:335-344.

[22] W. K. Chow, C. H. Lui. Numerical studies on evacuation design in a karaoke[J]. Building and Environment. 2002,37:285-294.

[23] E. D. Kuligowski, J. A. Milke. a performance-based egress analysis of a hotel building using two models[J]. Journal of Fire Protection Engineering,2005,15: 287-305.

[24] 杨立中, 赵道亮. 应用二维元胞自动机疏散模型模拟某超市中的人员疏散[J]. 第二届性能化防火设计进展会议, 香港,Nov,2005:18-22.

[25] 李强, 崔喜红,陈晋. 大型公共场所人员疏散过程及引导作用研究[J]. 自然灾害学报, 2006,15(4):92-99.

[26] 宋卫国,于彦飞,陈涛. 出口条件对人员疏散的影响及其分析[J]. 火灾科学,2003,12(2):100-105.

[27] 陈伟红,尹广杰,王华,等. 大型仓储超市人员安全疏散影响因素分析[J]. 消防技术与产品信息,2004,12:25-29.

[28] 张培红,陈宝智,刘丽珍. 大型公共建筑物火灾时人员疏散行为规律研究[J]. 中国安全科学学报,2001,11(2):22-26.

[29] P. A. Olsson, M. A. Regan. a comparison between actual and predicted evacuation times[J]. Safety Science,2001,38: 139-145.

[30] Proulx G, Fahy R. The time delay to start evacuation: Review of five case studies [J]. In: Hasemi Y, ed. The 5th International Symposium on Fire Safety Science.

Melbourne: International Association for Fire Safety Science,1997. 783-794.

[31] MacLennan H A. Regan M A,Ware R. An engineering model for the estimation of occupant pre-movement and or response times and the probability of their occurrence[J]. Fire Mater,1999,23(6):255-263.

[32] Purser D. A,Bensilum M,Quantification of behavior for engineering design standards and escape time calculations[J]. Safety Science,2001,38(2): 157-182.

[33] R. F. Fahy,G. Proulx. Human behavior in the world trade center evacuation[J]. In: Fire Safety Science- Proceedings of the International Symposium, 1997, 713-724.

[34] 褚冠全,孙金华. 疏散准备时间及出口宽度对人员疏散影响的模拟[J]. 科学通报,2006,51(6):738-744.

[35] 贾彩清,刘朝,向廷海,等. 火灾时人员疏散开始时间范围的研究[J]. 火灾科学,2002,11(3):176-180.

[36] 陈涛,宋卫国,范维澄,等. 十字型出口人员疏散的堵塞研究[J]. 中国工程科学,2004,6(4):56-60.

[37] 张树平. 建筑火灾中人的行为反应研究[D]. 西安:西安建筑科技大学,2004.

[38] 宋卫国,马剑,袁非牛,等. 典型学生人群对疏散指示反应特性的初步研究[J]. 火灾科学,2006,15(3):159-167.

[39] 居家奇,陈大华. 应急照明的光谱对疏散和逃生的影响[J]. 灯与照明,2006,30(2):5-8.

[40] 卢春霞. 人群流动的波动性分析[J]. 中国安全科学学报,2006,16(2):30-34.

[41] 徐志修,城市轨道交通安全保障系统设计[D]. 西安:长安大学,2006.

[42] 徐梅. 城市地下空间灾害综合管理的系统研究[D]. 上海:同济大学,2006.

[43] 张志乔. 铁路交通灾害的致灾风险与预警管理系统研究[D]. 武汉:武汉理工大学,2003.

[44] 计雷,池宏,陈安,等. 突发事件应急管理[M]. 北京:高等教育出版社,2006.

[45] 魏毅强. 刘进生,王绪柱. 不确定型 AHP 中判断矩阵的一致性概念及权重[J]. 系统工程理论与实践,1994,14(4):16-22.

[46] 罗金保. 基于 GM(1,1)模型的铁路行车事故预测[J]. 中国安全科学学报,2004,14(6):14-16.

[47] 李刚,林华. 轨道交通安全技术发展战略的 SWOT 智能分析与量化[A]. 世界轨道交通论坛 2004 国际会议论文集[C]. 2004. 167-171.

[48] 施式亮. 矿井安全非线性动力学评价模型及应用研究[D]. 长沙:中南大学,2000.